天外有天科普丛书

探索可栖居带
——茫茫太空觅新"家"

吴 沅 编著

U0198308

上海科学技术文献出版社
Shanghai Scientific and Technological Literature Press

图书在版编目（CIP）数据

探索可栖居带/吴沅编著． 一上海：上海科学技术文献
出版社，2017
（天外有天科普丛书）
ISBN 978-7-5439-7530-9

Ⅰ．①探… Ⅱ．①吴… Ⅲ．①航天基地—普及读
物 Ⅳ．① V551-49

中国版本图书馆 CIP 数据核字 (2017) 第 193923 号

责任编辑：于学松
特约编辑：石　婧
封面设计：龚志华

丛书名：天外有天科普丛书
书　名：探索可栖居带——茫茫太空觅新"家"
吴　沅 编著
出版发行：上海科学技术文献出版社
地　　址：上海市长乐路 746 号
邮政编码：200040
经　　销：全国新华书店
印　　刷：常熟市人民印刷有限公司
开　　本：650×900　1/16
印　　张：7.75
字　　数：73 000
版　　次：2017 年 11 月第 1 版　2017 年 11 月第 1 次印刷
书　　号：ISBN 978-7-5439-7530-9
定　　价：20.00 元
http://www.sstlp.com

目　　录

开 头 的 话

　　地球是人类的家园。地球也是目前人类所知宇宙中唯一存在生命的天体,是人类和一切生物寄居的家。那么,在茫茫太空中还有没有可供生物生存的"家"? 根据科学观测,天文学家已发现了一些与地球类似的行星:2008 年 6 月 6 日,欧洲天文学家宣布,在遥远的太阳系外发现 5 颗"超级地球",其中 3 个是因其公转时轻微摇晃才被找到的。这 3 颗"超级地球"位于 42 光年外绘架座及南剑鱼座的方向,质量分别为地球的 4.2 倍、6.7 倍和9.4 倍;它们环绕一颗比太阳稍小的恒星公转,最快的公转周期为4 天,最慢的为 20 天。天文学家在"HD181433"恒星附近也发现了 2 颗"超级地球":一颗质量为地球的 7.5 倍,公转周期为 9.5天;另一颗质量为地球的 22 倍,公转周期为 4 天。2011 年 5 月,天文学家又发现了一颗奇异的"超级地球",命名为"55 CanCri",其密度与铅接近。"55 CanCri"是迄今发现的密度最大的固态行星,距离地球近,可用肉眼观察到其所绕的恒星"55 CanCri A"。

科学家们认为,这是在研究行星过程中的突破性发现。新发现的这颗"超级地球",质量和密度分别是地球的 8 倍和 2 倍,体积是地球的 10 倍,表面温度接近 2 700℃。2011 年 9 月,欧洲南方天文台宣布,在太阳系外发现 50 颗新的行星,其中有一颗是距地球 36 光年,可能有水的"超级地球",命名为"HD855126b"。天文学家说,如果人类特别幸运,这颗行星可能是"可栖居地"。但尚未确定此行星是布满岩石,还是充满气体。它的质量是地球的 3.5 倍。另据美国航空航天局(NASA)网站报道,科学家此前还发现了一颗与地球大小相似的太阳系外行星,定名为"开普勒 78b",大小是地球的 1.2 倍,质量约为地球的 1.7 倍。"开普勒 78b"的密度是 5.3 克/厘米^3,这与地球 5.5 克/厘米^3 的密度极其相似。科学家们因此推断,"开普勒 78b"与地球一样,都是由铁和矿石组成的行星。"开普勒 78b"有可能成为遥远的太阳系外适合人类居住的地球"兄弟"吗?不过遗憾的是,"开普勒 78b"的地表温度高达 1 900℃,仅把"开普勒 78b"当作一个"岩石"世界是不恰当的,应该说,这是一个地狱般的熔岩世界。

宇航员太空活动

探索宇宙

一、探索无止境

（一）努力探寻"外星地球"

科学探索无止境。为了探寻可能存在生命的"外星地球"，2009 年 NASA 发射了"开普勒太空望远镜"，人称开普勒项目。2011 年 3 月，开普勒项目组成员、NASA 属下的喷气推进实验室的天文学家约瑟夫·卡坦扎里蒂根据开普勒项目头 4 个月观测的数据，对系外类地行星存在的概率发表了如下意见：总的估计，银河系中存在 20 亿颗类地行星，大约每 37～70 颗类日恒星中就有一颗正在孕育着"外星地球"。换句话说，在所有类日恒星中，约有 1.4%～2.7% 拥有类地行星，其直径为地球的 0.8～2.0 倍，且位于其母恒星的可栖居带中。在开普勒迄今发现的 1 200 多颗系外潜在行星中，包含了 68 颗可能与地球大小类似的行星。

NASA 2011 年 12 月宣布开普勒的观测结果中，首颗可确认为可能存在生命的宜居行星是"开普勒22b",它距我们约600光年,质量是地球的2.4倍,绕母恒星的公转周期为290天,表面温度约为华氏72度,水可能是液态,但不能确定行星主体是固态、液态或气态。

2011年1月,开普勒团队的另一成员、天文学家纳塔莉·巴塔拉在美国天文学会冬季举行的一次会议上宣称:开普勒发现了一颗迄今最小的类地行星"开普勒10b",其大小是地球的1.4倍,质量是地球的4.6倍,距地球560光年,温度达到1370℃。它由岩石构成,密度在铁与铜之间,没有大气,但可能有峡谷和熔融物质形成的河流。它与母恒星的距离只有水星与太阳距离的1/20,轨道公转周期为20小时10分。这颗行星上不可能有生命,但它的意义是人类找到了太阳系以外的行星中,存在气态巨型行星与可能存在生命的类地行星之间的"过渡型行星",尤其是类地行星的探测计划还在不断扩大之中。已经发射的新一代空间望远镜詹姆斯·韦伯空间望远镜(JWST),以及将于2020年发射的类地行星探测器(TPF)和欧洲将于未来10年发射的"柏拉图"系外行星探测器,均可期望会在此领域取得新的进展。

(二) 最 新 发 现

科学探索永无止境。NASA于2015年7月23日宣布,开普勒太空望远镜在距地球 1 400 光年的天鹅座发现了一颗名为"开普勒 452b"的系外行星。NASA 表示,被看好的这颗"开普勒 452b"的系外行星,直径为地球的 1.6 倍,公转一圈是 385 天,其围绕运行的是一颗与太阳相似的恒星,比太阳大 10%。该行星应该有 60 亿年历史(地球为 45 亿年)。NASA 表示,由于缺乏关键数据,现在还不能说"开普勒 452b"究竟是不是"另外一个地球",只能说它是"迄今最接近地球的另外一颗星球"。NASA 的研究员简金斯则将这颗"地球 2.0 行星"形象地比喻为地球的一个远房"表哥"。

"'开普勒 452b'并不是严格意义上的'另一个地球',只能说是迄今为止与地球最相似的系外行星。"中国科学院国家天文台副研究员郑永春指出,人类寻找系外行星或是登陆、移民火星,究其原因是为了寻找人类未来的避难所,也就是"第二家园"。从这个角度来说,"开普勒 452b"难当此任。一方面是因为距离遥远,"开普勒 452b"位于天鹅座,距离地球 1 400 光年。即便驾驶迄今为止飞得最快的深空探测器,也就是"新视野号"飞船,按照其 5.9 万千米/小时的飞行速度,从地球飞过去也要 2 709 万年。另一方面,即便使用目前地球上威力最大的望远镜,也不可能直接观测到这颗行星,更不要说关于其物质构成、气温、大小等重要参数了。

太空雷达

着陆器

二、"可栖居带"解

（一）什么是可栖居带

可栖居带是指能产生生命并使其孕育成长的地方，即液态水可以在行星表面存在的轨道带。传统的说法是用行星与恒星之间的距离来确定可栖居带，比如太阳系的可栖居带（液态水可留存在行星表面的最小距离）的内缘在 0.84～0.95 个天文单位（AU，地球到太阳的平均距离）之间。温室效应以及地壳活动决定了可栖居带的轨道位置和宽度范围。我们知道，恒星有着不同的质量并且缓慢地演化着。可栖居带的轨道位置和宽度范围会随着恒星的辐射强度而变动，也会随着恒星的质量和年龄而变化。

可栖居带还是天文学上给出的一个空间范围，在这个范围内有利于生物的存在，或许可以发现像地球上这样的生命体。其范围可分为恒星周围可栖居带、星系可栖居带和银河系可栖居带。

1. 恒星周围可栖居带

人们常用"恒星周围可栖居带"(CHZ)来介绍适合生命存在的最佳区域。一般认为,CHZ应该是恒星周围的一个特殊区域,具有稳定的液态水,能够在类地行星的表面上长时间存在。这个区域可能呈环状,它的内边界应该是行星围绕其母恒星运转而又不会使行星表面上的水散失到空间的一条轨道。在极端的情况下,恶性温室效应会将水分蒸发殆尽。CHZ的外边界应以行星表面的水不至于完全冻结。最理想的情况,是恒星及其周围的行星在银河系内运行的轨道,到银河中心(银心)的距离在一定的范围内。距离太远,形成恒星的星云就会缺乏重元素,而行星的产生需要这些元素;距离太近,种种不利因素(例如轨道的不稳定性、彗星的撞击以及恒星爆炸等)将扼杀刚处在萌芽阶段的生态系统。目前太阳所处的位置则不远不近,刚好合适。太阳周围因此形成了一个非常优秀的CHZ,即地球附近的区域。

2. 星系可栖居带

天文学家把CHZ的概念推广到星系中,提出了"星系可栖居带"(GHZ),显示出银河系中适宜居住的区域,这个区域应该距银心不太近也不太远。近年来,在类日恒星周围发现了像木星那样大小的较大行星。而且,所发现的较大行星均存在于含比氦重的恒星周围(天文学家把比氦重的元素称为"金属")。这就意味着金属含量是形成较大行星的一个重要因素。

GHZ的存在有两个条件：第一，要有一个适合生物栖居的行星；第二，要能避开来自宇宙的种种威胁。历经100多亿年，大自然已将金属原子数目与氢原子数目之比，即所谓"金属度"逐渐增加到今天的值。

金属是类地行星的基本结构单元。没有足够的金属，就不可能形成较大的行星。科学家们认为，恒星的金属度若小于太阳金属度的40%，其周围就不可能形成较大行星。然而，也不是金属度越高就越好。金属度越高，行星将更大，引力也会更强，这种情况可能对生命存在是不利的。地球上的陆地与海洋堪称最佳搭配，对控制大气温度等起着重要的作用。由此，可以认为，接近太阳金属度的恒星是最理想的。

3. 银河系可栖居带

这种可栖居带在银河系是否存在，要进行艰难的探索和研究。天文学家通常将银河系分为四个有重叠的区域，即银晕、银鼓、厚银盘与薄银盘。银晕和厚银盘中的恒星通常是贫金属恒星，周围不大可能形成像地球这样的行星，应当排除在可栖居带之外。银鼓中的恒星，其金属度分布在一个较宽的区域内，但该区域的宇宙辐射强度相当高，也没有可栖居的可能。唯有薄银盘是太阳的所在地，距银心为28 000光年，有可能找到可栖居带。拥有太阳金属度值的60%～200%的恒星通常都位于距银心14 700光年～37 500光年的区域内,而这一区域中的恒星仅占银河系恒星总数的 20%左右。这中间就有可能出现接近太阳金属度的恒星,若这些恒星的行星中再出现个别类地行星和 CHZ,那么这就是银河系的可栖居带……此外,太阳本身的金属含量比银盘中同一时间和同一地点形成的其他恒星高出 40%。这一高出来的金属含量或许就使地球上的生命发展获得了先机。

(二) 出现可栖居带的条件

在茫茫太空中要找到可栖居带不太容易,因为存在可栖居带的条件十分苛刻。

1. 在行星表面上必须存在液态水

水跟生命紧密相连。地球上充足的地表水已经存在几十亿年了,生命才会如此茂盛! 但目前从对欧罗巴、木卫二和泰坦等大卫星的研究中,一种较大的可能性呈现了出来:大量的液态水可以在有些星球的冰层外壳下存在,这似乎扩大了可栖居带的范围。

2. 在其地表或地下存在某种动态的活动

火山喷发、地震和山崩常常带来死亡和破坏,但是,这样的事件却是有生命存在的象征。相比较,我们在太空中的近邻——月亮无论在生物学和地质学上都是悄无声息的。可以认为,地球在这两方面都是生气勃勃的,动态运动增加了生物存在的条件。

3. 适当的质量对一颗行星或卫星来说至关重要

因为较大的行星通常拥有较大的放射性元素储备,它可以为诸如板块构造运动等动态过程提供热量。当然,提供热量的放射性元素会渐渐消耗。越小的行星,这样的消耗就越快。由于地球具有相当的质量,使放射性储藏一直很充足,足以将板块运动保持下去。

4. 稳定和合适的大气层

行星大气的构成和密度、一个可以保持液态水稳定并为太空侵害提供防护的大气层是必不可少的,它们与可栖居性密切相关。如果没有足够的大气压强,无论其他因素如何,液态水都不能稳定、大量地存在。此外,大气层的存在也是保护行星表面免受太阳辐射的伤害所必需的。因此,如果一颗星球没有大气层,生命就只能隐藏在地下了。

当然,大气层是否存在,有时取决于行星的大小。以火星上的情形为例,我们已经将其表面栖居性的丧失归因于大气的消失,而大气的消失很可能是由于火星的体积小且没有磁场而导致的。然而,即使一颗行星有恰当的质量,也仍然存在一些其他途径会使它已形成的大气层随即又失去了。究其原因:第一,剧烈的撞击,能够将大气中的气体大量地卷入太空,这种状态在火星上扮演了重要的角色;第二,太阳风能够将没有全球性磁场的行星的大气剥离。如果没有磁场对数十亿年来太阳风剥离作用的防护,可能地球早已变得不适于生存了(至少在地球表面上会如此)。

5. 必须让行星处于安全状态,避开所有可能的威胁

这些威胁可以分为两类,即小行星和彗星的撞击以及辐射的冲击。在太阳系内,小行星撞击的频度取决于木星轨道,银河系的其他区域对此并无直接影响。但是彗星的威胁则与星系环境关系极大。有科学家认为,彗星聚集在两个长期存在的彗星区域内,其中一个是柯伊伯带,另一个是奥尔特云(它一直延伸到太阳至最近一颗恒星的中间)。其他恒星可能也有类似的区域。在银河系内侧区域中,高能辐射问题严重。行星的磁场可以挡住一定强度以下的多数粒子辐射,而其臭氧层则可以挡住危险的电磁辐射。能量足够高的辐射可以使大气层电离,产生数量足以破坏臭氧层的氮氧化物。进入大气层的高能辐射也能释放出致命的次级粒子辐射。危害最大的辐射按其持续时间由长到短来排序,依次是活动星系核爆发、超新星爆发以及 γ 射线暴。

6. 恒星的距离

行星既不能离恒星太近,也不能离恒星太远。也就是说,它必须处于其主恒星的可栖居带内,轻微的差别可能就会导致栖居性的根本变化。

另外,恒星的光度(即明亮程度),也会影响形成栖居带的距离范围。显然,越亮的恒星的栖居带,距离该恒星越远;而越暗淡的恒星的栖居带,距离该恒星越近。但若明亮过度,恒星的寿命会极短,只有几百万年而不是几十亿年,因此可能没有足够的时间来培育生命。

(三) 太阳系内可栖居带

太阳系内当前的栖居带边界取决于到太阳距离的一个范围。在该范围内,一个大小合适并有足够大气压的行星的表面上可以存在液态水。栖居带内边界的标志是:如果行星到太阳的距离比该处更近一点,就会触发失控的温室效应。栖居带外边界的标志是:如果行星到太阳的距离比该处更远一点,其表面的水就会冻结成冰。

金星的情况告诉我们,栖居带的内边界不会位于金星轨道的内部。火星的情况则告诉我们,火星表面上曾经有液态水,这样的话,火星曾经位于太阳的栖居带内;由于栖居带随着时间的推移在向外移动，一些科学家认为，火星上可能只是间歇性地拥有液态水。如果是那样的话，火星可能从来就不曾处在太阳的栖居带内，而只是与栖居带非常接近，一些特殊事件（比如撞击）使其表面暂时适于居住了。这样，火星就不能用较为精确的数字来界定其栖居带的边界。尽管如此，我们还是可以给出一些对栖居带边界的说明。

1. 内边界

如果将地球向靠近太阳的方向移动到不同的位置将会出现什么情况？计算结果表明，如果将地球移动到距离太阳 0.84 AU（1 AU 等于地球和太阳间的平均距离，大约是 1.5 亿千米）的区域内，或者说移动到大约在金星轨道和地球轨道中间的区域内，失控的温室效应就会出现。

然而，有可能与太阳距离超过 0.84 AU 的地方也会出现温度失控。这是因为即使温度的适度提高也会使水蒸气进入地球大气层更高的地方（如进入平流层），水分子所处的位置会远在臭氧层之上，会被来自太阳的紫外线分解，氢气会逃逸到太空，地球就失去了一些水，于是有更多的水蒸气上升进入上层大气层并再次消失。如此循环往复，随着时间的推移，形成了潮湿效应。显然，潮湿效应造成的水分损失并不是因为温度高出了液态水能够存在的温度范围，但从长远来看，这可能是致命的。一颗与地球类似的行星虽在距太阳 0.95 AU 以内将会受到这种潮湿的温室效应的影响而损失全部的水。

　　总结起来，如果只考虑失控的温室效应，太阳系当前的栖居带内边界可能位于距离太阳大约 0.84 AU 处，但是如果还要考虑到潮湿的温室效应也会造成水的流失，这个距离会变远，可能会达到 0.95 AU。

2. 外边界

　　栖居带的外边界也是用与太阳之间的距离来衡量的。在边界之外，即使存在强温室效应，也不能使行星表面出现水冻结成冰的温度。如果我们把能够产生强温室效应的一层厚厚的大气也考虑在内的话，那么当前栖居带的外边界应该位于距太阳大约1.7 AU 的地方，远在距太阳平均距离 1.52 AU 的火星轨道之外。

　　然而，有一个潜在的因素会将外边界拉得近一些。如果行星的大气太冷的话，大气中能产生温室效应的二氧化碳就会凝结成雪花似的固体（干冰）降落到行星的表面上。这种干冰的形成，会降低大气中二氧化碳气体的含量，使大气层无法保持足够的厚度以产生强温室效应。在这种情况下，当前的栖居带边界与太阳的距离可能仅有 1.4 AU，或者说刚好处在火星轨道的内侧。

3. 栖居带的范围

　　上面已经分别估算了太阳现在的栖居带的内边界、外边界与太阳的距离。通常给定当前栖居带的范围是 $0.84 \sim 1.7$ AU；根据比较保守的估计，这个范围是 $0.95 \sim 1.4$ AU。可以看出，即使较保守的估计，太阳系当前的栖居带在内太阳系中也占据了相当广泛的区域。

4. 太阳栖居带会如何变化

太阳是利用氢聚变成氦的反应发光的，每次聚变反应将 4 个氢核转变成 1 个氦原子核。因此，太阳内核区域独立粒子的总数会随着时间的推移而逐渐减少。由于用来产生压强、支撑内核的粒子变少，所产生的压强不足以抵抗外面覆盖层的重量，因此粒子的逐渐减少会导致太阳内核的收缩。反过来，缓慢的收缩过程会逐渐增加内核的温度，自太阳在 45 亿年前诞生以来，太阳内核区域温度的升高可能已经使太阳的核聚变速率和亮度提高了约 30%。科学家预言，栖居带将逐渐向远离太阳的方向移动。

凡是从 40 亿年前到现在均保持适于生存条件的区域，通常被称作连续栖居带。连续栖居带的宽度是相当小的。如果我们要展望将来数十亿年的变化，可以肯定，栖居带会持续向远离太阳的方向移动，栖居带将会变得更窄。

5. 处于栖居带内的概率

如果所有其他因素都是相同的，在恒星的栖居带里发现行星的可能性就只取决于栖居带的宽度了。上面已提到过，太阳的栖居带（宽泛的）的计算结果是从 0.84 AU 延展到 1.7 AU。而较小的恒星，其栖居带从 0.05 AU 延展到 0.1 AU，在这个恒星的栖居带内发现一颗栖居行星的概率，和在与太阳类似的恒星的栖居带内发现的概率相比，结果如何？考虑到在银河系中这种类型的小恒星数目大约是与太阳类似的恒星数目的 8 倍，那么哪种类型的恒星的栖居带内拥有更多的栖居星球呢？经过计算，与太阳类似的恒星为 0.86 AU，较小恒星为 0.05 AU，出现在小恒星的栖居带内的概率仅仅是出现在与太阳类似的恒星的栖居带内的概率的 0.05/0.86＝0.058 倍。然而由于这些恒星的数量是与太阳类似的恒星的 8 倍，因此小恒星的栖居带内的可栖居星球的总数大约只占与太阳类似的恒星的栖居带内的 46%（这里没有考虑除栖居带大小以外的其他因素，而这些因素也可能很重要）。

（四）可栖居的行星

如何寻找太阳系内行星或太阳系外的星系是可栖居的呢？有资料介绍认为：

1. 采用参照指数的方法，地球可作为最佳的参照物

有学者提出了一些参照指数，如与地球相似度指数（ESI）、

行星栖居度指数（PHI）和栖居区距离（HZD）等。

地球相似度指数是用来表示行星与地球相似的程度。如果行星的许多性质与地球接近,则其 ESI 指数接近于 1,反之则接近于 0。

行星栖居度指数用来描述一颗行星是否可能适合生命存在。计算 PHI 值主要根据行星是否具有稳定表层、合适的化学性质、可利用的能源和液体介质等。如果一颗行星具有适合生命存在的条件,则该指数值接近于 1,否则接近于 0。

栖居区距离用来表示行星距离恒星周围的栖居区中心有多远,单位是栖居区长度单位（HZU）。如果行星位于栖居区内,则 HZD 值在 −1 和 +1 之间,位于栖居区中心,则等于 0。负与正表示行星是靠近恒星还是远离恒星。

2. 采用合适的方法去寻找

（1）凌星方法

凌星是指行星通过母恒星时阻挡了一部分恒星的光,这种效应称为行星凌星。由于发生的机会少,持续时间又短,测量比较困难。但它仍是探测太阳系外行星的重要方法。利用这种方法不仅可以测定恒星周围是否有行星,还可以确定行星的大小。因为行星越大,遮挡的光越多,在地球上的观察者测量到的恒星的亮度下降较多。这种方法的主要缺点是在 1 个天文单位的距离上,绕着太阳般大小恒星的行星,能够对齐而发生凌星的机会是 0.47%,机会难得。

（2）微引力透镜效应

行星在恒星附近通过时,它可使恒星的亮度在几小时内增大 100%。利用这种方法,近年来发现了许多太阳系外行星。

（3）径向速度法

目前世界上最高测量精度大约为 1 米/秒。其原理是当恒星远离观察者时,光谱红移(波长变长);而当恒星朝向观察者运动时,光谱蓝移(波长变短)。这种方法尤其适合于测量大质量的行星。

（4）"开普勒"飞船

2009 年 3 月 5 日,美国发射了第一颗专门探测太阳系外行星的"开普勒"飞船,从此开启了人类探索地外生命的新篇章。"开普勒"飞船的科学目标是探测围绕其他恒星栖居区内与地球类似的行星。这类行星的特点是距离类似太阳的恒星约 1 AU 处,质量是地球的 0.5～10 倍。到 2013 年 1 月 7 日,由"开普勒"飞船证实的系外行星有 132 颗,候选行星有 2 740 颗。

除此之外,还有天体测量法和直接成像法等。

宇宙探查器模型

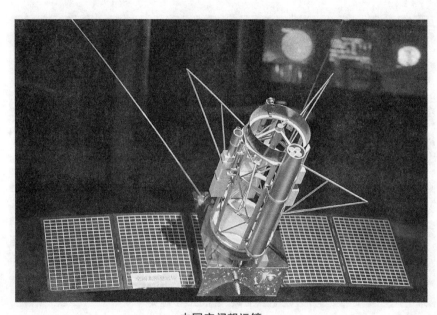

中国空间望远镜

三、可栖居带与地外生命

可栖居带和生命(地外生命)是紧密联系在一起的整体,有了前者才有可能产生后者。在这里,对生命和地外生命作一简单介绍。

(一)"霍金行动"

英国天文学家史蒂芬·霍金认为:无限的茫茫宇宙中,一定存在着其他形式的生命,或许地外生命正盯着我们看呢! 现在是该有人正式投入研究,必须要弄明白这个问题。为此,俄罗斯风险投资家米尔纳于 2015 年 7 月 20 日在伦敦与霍金等科学家共同宣布,启动人类历史上规模最大的地外生命国际探索项目。为定名为"突破倡议"的项目提供 1 亿美元资金,项目将持续10 年。

（二）生命存在的条件

科学家认为：生命的最大的特征是新陈代谢；其次是生命应该有一个发生、发育和死亡的过程；另外，生命还必须能繁殖后代，能把性状遗传给后代，使之产生变异和进化，这是生命定义的三个要素。生命主要由蛋白质与核酸等有机分子组成。有机分子的主要成分为碳、氢、氧，而生命的最小单元是细胞。地球大概有46亿年的历史。那么地球上的生命是什么时候诞生的呢？目前科学界的共识是，地球在46亿年前诞生后又过了10多亿年，也就是30多亿年前，地球的环境已经跟今日基本相似，就是说有了固态的地表、海洋和大气，而大气的成分与今天的已十分接近，所以认为30亿年前地球上诞生生命是有科学依据的。

生命存在的条件，依地球上生命存在的条件去推论，可以归纳为如下几个主要方面：即在一个恒星的行星系统中，恒星有适当的辐射能，以使"万物生长靠太阳"的基本理念得到保障；行星与恒星之间有适当的距离，行星的自转和公转速度在一个合适的水平；并且行星具有富氧并能提供防紫外辐射的大气层，有一定的磁场及电离层，以抵抗宇宙高能粒子辐射，有一定的重力；还有液态水的存在和水的循环过程（如雨、雪等）。

在这里，要稍稍多花些笔墨来谈谈水对生命的极端重要性。水是一个优良的极性溶剂，它为生命提供了一个合适的介质环境。溶液中pH值的大小和离子环境,决定着在溶液中所进行的各种物理、化学反应的方向和强度。水不仅作为介质,而且还是一些重要反应的直接参与者。在植物的光合作用、蛋白质的水解反应中,水是反应物,在氧化、聚合、葡萄糖酶解反应中,水又是生成物。水还是一种溶剂,能溶解不同的化学物质。水提供了化学反应发生的场所、参加反应的物质聚集在一起以及反应生成物能被取走的传输介质。

每一个生物体均含有大量水分:某些海洋无脊椎动物体内的水含量多达总体重的97%;人体水含量为65%~70%;即使含水很少的植物细菌孢子,其水含量也不低于25%。占有如此重要份额的水,在生命体中具有多种重要的功能。水的高比热、高汽化热及其在体内大量的存在,使得水成为机体维持恒定温度的调节剂。仅举一例就足以说明这一点,如一个60千克的成年人,每天通过呼吸及皮肤蒸发等大约失去1 000毫升水,以这种方式可以散去539千卡的热量。如果不是水有如此巨大的蒸发热,这样大的热量要是保持在体内,会使体温上升9℃,其后果是不堪设想的。此外,水在机体内还具有润滑剂的功能。水是维持细胞内外渗透压的重要因素,在保证细胞正常代谢,乃至细胞或整个器官的外形方面,均起着重要作用。也许有人问,水的上述作用是根据地球上的情况得到的,难道外星人也同样需要水吗?如果没有水,其他液体是否也可以维持生命?这个问题我们不能一概否定,即使其他液体也可以维持生命,但至少可以说,与其他液体(如甲烷、氨)相比,水是最适合维持生命的,因为其液态的温度范围宽,达 100℃。要有适宜的温度,地球上生命耐受的温度范围在 $-200℃ \sim 100℃$,还要有合适的大气压。除上述物理条件外,还应有适合生命生长的生物条件。当然这是以地球生命为样本给出的条件,不排除地外生命由于演化方式、物种特性、化学组成不同而产生的特殊生存条件。科学家希柯勒教授在实验室里创造了一种与地球完全不同的环境,在这样的环境下成功地培养出细菌与螨类,从而有力地证明了生命并不是地球的"专利品"。即使我们地球上的所有生物也不是按照同一个模式生活的,如氧是生物进行新陈代谢必不可少的条件,但是有一种厌氧细菌,就不需要氧,而且有了一定的氧反而会中毒死亡,等等。

(三) 生 命 的 分 类

根据生命的基本特征,可将生命划分为五种类型(五界分类系统)。

植物界:

能够通过光合作用制造其所需要的食物的生物的总称。植物界和其他生物类群的主要区别是:含有叶绿素,能进行光合作用,自己可以制造有机物。

真菌界：

本界成员均属真核生物。真核生物是所有单细胞或多细胞的,其细胞具有细胞核的生物的总称。真菌广泛分布于全球各带的土壤、水体、动植物及其残骸和空气中,寄生和共生生活。

动物界：

包括一般能自由运动、以碳水化合物和蛋白质为食的所有生物,已发现的共150多万种。动物分布于地球上所有海洋、陆地,包括山地、草原、沙漠、森林、农田、水域以及两极在内的各种环境,成为自然环境不可分割的组成部分。一般指的动物通常不包括人,其实人类也属动物。

原核生物界：

包括细菌和以前称作"蓝绿藻"的蓝细菌,是现存生物中最简单的一群。它们独占地球长达20亿年以上。如今它们还是很兴盛,至少包括4 000种生物。

原生生物界：

是由原核生物发展而来的真核生物。原生生物大部分是单细胞生物,是真核生物中最原始的类群。早期藻类是植物的祖先,早期的原生动物是动物的祖先,所以人们对生物进行分类时,常把藻类归于植物界,把原生动物归于动物界。在原生生物中,藻类的数量多、分布广,与人类的关系也最为密切。

地球上的生命遍布了世界的每一个角落。灼热的盐碱地、干旱的沙漠、黑暗的海底,到处都有生命的存在;甚至在寒冷的两极以及毒气熏天的垃圾场,也不例外。这些具有极强生命力的有机体给人类以重要启示:它们在太阳系外的其他行星体中都有存活的可能!

(四)地外生命存在的依据

天文学研究已经证明:在地球以外的广阔宇宙中,构成恒星、星系、星际物质等的基本材料与地球上的是一致的。地球上物质之间相互作用的物理过程、化学过程和生物过程所遵循的规律也应当适用于地外物质的相互作用。也就是说,如果地外存在符合地球模式的生命,那么构成它们的材料、结构方式、生存条件和地球上的生命也应该是一致的。目前,组成生命的基本构件——氨基酸已在宇宙空间中被找到,地外生命的发现还会太远吗?

(五)"造土"——一种增加 可栖居带的方法

所谓"造土"是改变行星环境,以适合人类(生物)居住的"艺术"。在科幻小说中,造土是快速和容易的;但真正实施一个适合人类生存的可栖居地,将是几个世纪或是十几个世纪长的工程。

造土技术,可以用彗星轰击一个干燥的类火星世界来产生丰富的海洋,建造巨大的太阳帆用做反射器或遮阳伞来改变行星接收的日光量;生物技术上包括遗传改变生物体,产生稀薄的 CO_2,再用光作用产生氧,等等。增加可栖居带,看来未必是梦想!

(六) 可栖居带似被低估

寻找"可栖居带",显然星体大并不理想,原因是恒星在这个区段只剩下几亿年的寿命,不足以进化生命世界;炽热的恒星则仅有几百万年的主序列生命,当然更不可能纳入可栖居带。而寒冷的、轻质量的恒星,其主序列生命则可长达数十亿年甚至万亿年,足以来进化生命世界。天文学家曾一直认为围绕寒冷恒星的宜居行星是不可能存在的,但由 Kasting 等(1993 年)和 Doyle 等(1995 年)进行的行星宜居性计算机模拟报告中指出:不能排除环绕寒冷主序列恒星存在宜居行星世界的可能性。若被进一步证实那样的世界也可能有生命存在,那么 Dole(1964年)公布的邻近恒星宜居行星的概率表,也许是被低估了。最近的注意力还转向双恒星系统中宜居行星的可能性研究。

Whitmire 等(1998 年)已经从数学上论证了,在广泛分布的双恒星系统中,例如 a Cen-tauri 系统,不能排除宜居行星形成的可能。

(七)寻找地外生命计划

寻找地外生命遇到的一个重要问题是:到哪儿去寻找?在太阳系内哪些区域可能有生命存在?在银河系的范围内,哪些区域可能是生命存在的最佳区域呢?这就是所谓的可栖居带,前文已经简要作了介绍,下面要说的是具体哪些行星或卫星上可能存在生命和准备如何去行动:

1. 泰坦存在生命的可能性

泰坦又称土卫六,是环绕土星运行的一颗卫星,是土星卫星中最大的一颗,也是太阳系第二大的卫星。由于泰坦是一颗拥有浓厚大气层的卫星,因此被怀疑有生命体的存在,因为大气中的甲烷是生命体的基础。泰坦的大气中 98.44% 是氮气,它是太阳系中唯一除了地球外的富氮星体,那里还有大量不同种类的烃类化合物残余(包括甲烷、乙烷、丁二炔、丙炔、丙炔腈、乙炔、丙烷),以及二氧化碳、氰、氰化氢和氩气。大气中的甲烷在太阳辐射作用下生成各种烃类化合物气体,这些气体在大气层中凝结而落到泰坦表面,这就是泰坦大气层中的"降雨"。不过落下来的不是水,而是液态甲烷,"降雨"沿着沟壑流动,汇聚成湖。根据"卡西尼号"飞船雷达探测的结果,泰坦表面确实存在着几百个这样的湖或海,"湖水""海水"是液态甲烷和乙烷。

根据"卡西尼号"飞船的观测结果,泰坦表面烃类化合物的含量是地球上所有石油和天然气资源总和的几百倍。这些烃类化合物包括由液态甲烷和乙烷组成的液体湖,还包括由多种有机化合物沉积构成的山丘。"卡西尼号"飞船利用雷达测量泰坦的地表特征来推测其自转速度的变化,获得的数据显示,泰坦可能存在一个由地下水与氨构成的海洋。地下海洋的存在有利于解释泰坦是怎样向烟雾弥漫的大气层中释放甲烷的。当然,泰坦是否存在地下海洋还需进一步观测论证。如果其他测量结果也证实了泰坦上存在地下海洋,泰坦上将会存在生物和水。综合以上几点,可以认为泰坦上具有存在生命的可能性,即泰坦有液态甲烷或乙烷湖以及河流和海,泰坦有地下海洋,海洋由水和氨组成,可以维持生命存在。泰坦的大气层是厚的、化学活性的,富含有机物,生命的化学前兆可能在这种环境下产生。再加上 2010 年 10 月,美国亚利桑那大学的学者进行了一项试验,将能量加到类似泰坦大气层的组合气体中时,发现产生了 5 种核碱基,这是脱氧核糖核酸(DNA)与核糖核酸(RNA)的基本单元。试验还发现了氨基酸,这是构成蛋白质的基本单位。这项试验是第一次在没有水的情况下产生了核碱基与氨基酸。这个试验结果也为泰坦可能有生命存在提供了理论根据。

2. 土卫二也存在生命的可能性

土卫二是土星的第六大卫星,平均半径 252 千米,只有地球的 4%。在"旅行者号"于 20 世纪 80 年代探测土星之前,人们只知道土卫二是一个被冰覆盖的卫星,其表面几乎能反射百分之百的阳光。而"旅行者 2 号"则发现尽管该卫星体积不大,但是在其表面既存在古老的撞击坑构造,又存在较为年轻的、地质活动所造成的扭曲地形构造。在经过"卡西尼号"探测器长达十几年的探测(当前执行的是夏至点任务,要到 2017 年),数次近距离掠过土卫二,获得了该卫星表面及其环境的大量数据。特别是发现了从该卫星南极地区喷射出的富含水分的羽状物,根据"卡西尼号"所携带的仪器分析,喷出物中水的含量占 90% 以上。喷泉达到的高度与土卫二本身的大小差不多。土卫二喷射出的羽状物为土星的环提供了大量物质。这些羽状物是从靠近南极点的"虎皮斑纹"地区喷发出的。观测数据显示喷发物中含有更多的化学物质,包括简单的和复杂的烃类化合物,如丙烷、乙烷和乙炔。这项发现提高了土卫二表面存在生命的可能性。"卡西尼号"上的离子和中性粒子分光计对喷发物的物质构成进行测量后发现其与大部分彗星的物质构成相近,后来的探测还发现了氨、氩和钠等成分。2009 年 8 月 13 日,科学家对外公布了对土卫二南极地区喷射出的水蒸气进行分析的结果,他们在冰晶颗粒中发现了高浓度的盐分。此外,"卡西尼号"还发现了诸如碳酸盐和尘埃颗粒等有机化合物的踪迹。这些证据都有力证明了在土卫二表面之下存在着一个海洋。这种状况一般只发生于大面积的水体之中。因此土卫二上也可能存在生命。另一种观点则认为土卫二上存在的并非大面积的海洋,而是分布广泛的溶洞,这些溶洞之中充满了液态水。

土卫二地壳之下液态水的存在,表明在其内部存在着内部热源。现在,科学家相信放射性衰变和潮汐效应共同提供了液态水存在所需要的热量,因为唯独潮汐效应是无法提供如此多的热量的。最近几年,人们在地球上的一些极端环境中发现了生命。在这些环境中,没有阳光照射,没有氧气存在,因而没有光合作用发生。但是,一些微生物利用不同矿物相互作用产生的化学能幸存了下来,另外一些微生物则利用岩石中放射物衰减产生的热能而存在,生态系统完全独立于地球表面光合作用产生的氧和有机物。这些不寻常的微生物生态系统是今天在土卫二上生命可以存在的模式。在地球上发现有三种生态系统可想象为土卫二生命的基础:其中两个是基于产生甲烷;第三种生态系统是由岩石中的放射性同位素衰变时提供能量,没有氧,没有光,也没有有机物输入——在南非3 200米深的金矿井中发现了这种生态系统。

上述列举的这些事实给出了土卫二可能存在生命的证据。

3. 欧罗巴——木卫二探测计划

欧罗巴又名木卫二，是木星的天然卫星之一。欧罗巴的主体构成与地球相似，即主要由硅酸盐岩石构成，它的表面由冰覆盖。对欧罗巴冰壳厚度的估算则存在相当大的分歧，有人认为是几千米，也有人认为是数十千米。木卫二表面为数不多的几个大型的撞击坑是支持"厚冰"的最佳证据。推测出冰壳厚度在10～30千米，这就意味着冰下的海洋的体积将大于地球海洋体积的2倍。欧罗巴表面温度在赤道地区平均为−163℃，两极更低，只有−223℃，所以表面的水是永久冻结的。但是潮汐力所提供的热能可能会使表面冰层以下的水保持液态。为研究生命来源、探测地外生命和证实有关欧罗巴液体海洋的推测，2011年对"伽利略号"太空船探测到的数据进行了分析，结果表明，欧罗巴确实存在巨大的地下海洋，再根据得到的欧罗巴磁场观察数据，两者均指出：在这个卫星的冰壳之下，存在一个深达数百千米的地下海洋；还可能存在一个只靠摄取地气作为能量来源的微生物生物圈，所以欧罗巴更成为研究生命来源的科学家极感兴趣的目标。过去几年中，还共同策划针对欧罗巴的进一步探测计划及所需的技术和科学仪器。预计在2023年将发射太空船，在2025年到达木星，除了用长波段雷达勘查欧罗巴表面冰壳的厚度分布，还将探测由于木星的吸引力而产生的潮汐变化以及地下海洋存在与否。

4. 开普勒太空望远镜计划

开普勒太空望远镜计划主要是寻找距中心恒星不近不远、可以容许液态水在表面留存的类地型地外行星。根据观察资料和理论模型,在比太阳质量小的恒星之行星系统中,最有机会找到这类适合生命生存的可栖居带。开普勒太空望远镜将在三年半的任务期间,针对离地球 600～1 000 光年的 10 万颗恒星,作非常精细的测量,根据其可见光亮度的时间变化,希望由此找到一些位于可栖居带的类地行星。

5. 达尔文望远镜计划

虽然开普勒太空望远镜的灵敏度远远超过地面望远镜的水平,但它还是没有办法分析大气成分,也无法辨别所找到的类地系外行星上是否真的有山有水,甚至是否有生物活动。天文学家根据在地球环境生物演化的经验,提出一个假设:其系外生物的来源和成长,都和液态水以及光合作用分不开。美国行星科学家奥文在 1980 年提议,以行星大气中有无臭氧作为生物是否存在的证据。这个学说直接催生了达尔文太空干涉成像仪望远镜的诞生:用四艘太空船,以阵列方式收集光束资源,再经由另一艘太空船加以处理后,把信息传递回地球。为了保持低温以便进行红外光观察,这组太空船的位置,将设在月球轨道之外的拉格朗日 L2 点。化零干涉仪的观察方法要求四艘彼此分隔数百米的太空船,其相对位置的误差必须保持在几厘米之内,这是一个极困难也极昂贵的技术挑战。但天文学家不畏此困难,认为系外生命的发现,将是人类历史中最重要的里程碑之一,希望在 2020 年前能够实现。

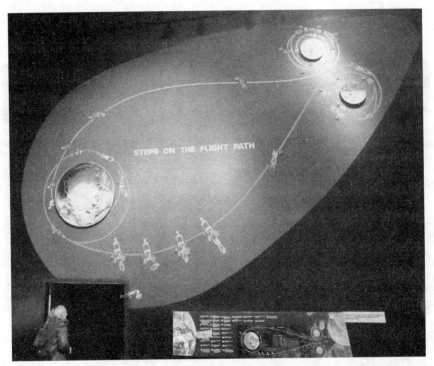

STEPS ON THE FLIGHT PATH

航天飞机飞行轨迹图

空间站轨道地球

四、可栖居带与地外文明

（一）什么是地外文明

　　地外文明是指地球以外的其他天体上可能存在的高级智慧生物的文明，目前它们尚未被地球上的人类观测到，倒是许多虚构作品中时常有它们的身影出现，比如外星人等。虽然始终有人相信有外星人存在，但是目前没有确凿的证据来证实这一点。科学家认为，如果存在地外文明，则大部分的地外文明可能要比地球的文明高级得多，地球文明与地外文明相比仅是初级文明而已。

（二）地外文明的分类

　　科学家认为（如苏联天体物理学家卡尔达谢夫），为了区分地外文明发展的程度，可以将文明社会按其工业技术发展水平分成三类：

第Ⅰ类：工业技术水平略高于现在地球上已经达到的水平，能调集和掌握本行星的全部资源和能量进行宇宙通信。对地球来说，这个能量的功率约为 10^{16} 瓦。

第Ⅱ类，能掌握自己的中心恒星和行星系统（如太阳系）的物质和能量资源，其功率约为 10^{26} 瓦。文明发展到这个水平，几乎可以肯定有能力进行星际旅行。这样的文化也许已经研究出绕过光速藩篱的方法。发展到这个阶段的文化要比我们先进几千年甚至几万年。

第Ⅲ类，能掌握自己的恒星系统的一切资源，其功率约为 10^{36} 瓦。Ⅲ型文明领先我们成百万年乃至上千万年！苏联的科学家甚至认为他们遭遇了Ⅲ型的文明。那是在 1965 年，苏联人当时在努力探测地外文明发来的信息方面处于世界领先地位。他们最杰出的研究者名叫卡尔达谢夫，他也是第一个认真讨论超级文明和文明类型想法的科学家。一天早晨，在克里米亚深空研究站，卡尔达谢夫的研究小组探测到一个令人难以置信的强烈信号，这个信号肯定来自地球外。令人感兴趣的不只是它的强度，而是信号似乎一直在缓慢地改变频率，频率变化覆盖很宽的频带。这种类型的信号是事先不曾预料到的，这个苏联研究小组觉得，它就是地外文明想要与我们接触的明证。然后，他们向世界宣布这个信息源基本上可以肯定是地外文明。不幸的是,它其实不是。在几个小时里,美国加利福尼亚理工学院的科学家与他们的苏联同行联系,指出苏联科学家观测到的与在美国探测到的一个天体的情况一模一样。他们是几个月前探测到这个天体的,经过反复研究。他们把这种信号源称作"类星体"或类似恒星的天体。它肯定不是先进文明发来的信号。

类星体是迷人而又奇特的天体。仔细研究类星体使人们对宇宙的性质有了新的看法。但它们并不是唯一偶然被发现、而被误认为是标志着地外智慧生命的奇特物体。

1967年,一位剑桥大学的博士研究生乔斯林·贝尔探测到一个从太空深处传来的、很规则的强信号,频率在频谱的"水坑"区域里。她报告了自己的发现。他们决定吸取同行们造成的错误,在彻底研究这个信号之前,暂不公开这一发现。他们逐一排除所有可能的普通信号源,最后发现该信号实际上是太空深处一个奇怪的天体发射出来的。它发送出近乎完美的规则脉冲。这个天体被称为"脉冲星",后来发现它是一颗中子星——一颗死亡恒星的残骸。这颗恒星在其自身引力场的作用下坍缩,以至于围绕该恒星中的原子核转动的电子被挤压到原子核里与质子结合形成了中子,发射出极其规则的脉冲。

自从贝尔等除了有这项发现以来,还曾探测到其他有规则的、既不是脉冲星也不是地球上的任何信号源发来的信号,但每回只出现一次。过去10年里,哈佛大学的霍罗维茨教授领导的小组曾经有37次报告这类信号,全都在距离地球25光年以内。

但是,因为它们不曾重复,所以没有资格作为一个试图与我们取得联系的种族发来的信号的候选对象。当然,它们可能是某些特定事件的一次性泄漏。对科学家来说,他们需要一个不断重复的、有一定强度的、规则的脉冲信号。

到目前为止,比较重要的发现是 1977 年 8 月在美国俄亥俄州立大学用"大耳朵"射电望远镜探测到的信号。当时在现场的一位天文学家惊讶地在计算机上打印输出一个单音节的感叹词,从此以后,这个信号就被研究人员和爱好者称作"哇"(Wow)信号。它持续了整整 37 秒钟,好像来自人马座方向。最使人吃惊的是,这个信号的频段很窄,就在氢的频率 1 420 兆赫上,但是,在人马座或其他地方就再也不曾探测到第二次。介绍了上面这几个实例,也可进一步证实,发现货真价实的地外文明有多么难!

也有学者建议将这三类文明每类再细分为 10 个次型,如:Ⅰ-1.0 型对应功率 10^{16} 瓦,Ⅰ-1.1 型对应功率 10^{17} 瓦……Ⅰ-1.9 型对应功率 10^{25} 瓦。据说按我们地球目前的水平,尚不够进入真正的Ⅰ型文明,地球文明指数仅为Ⅰ-0.7! 也有学者这样进行分类:第一类完全适应行星;第二类可以控制行星系统;第三类可以控制行星对应的恒星系统。

人类现在还没有到达Ⅰ型文明,但是可望在几百年之内达到。就像人类在进化中要一个阶梯一个阶梯地前进一样,地外文明从Ⅰ型发展到Ⅲ型也应是一个阶梯一个阶梯地前进的。从

Ⅰ型文明到Ⅱ型文明,它们之间的差距可以这样计算:即如果一个社会以每年10%的较低速度增长,经过2 500年就能从Ⅰ型过渡到Ⅱ型。从Ⅱ型过渡到Ⅲ型,时间可能要更长,起码需要把星际航行变得毫不费时。尽管Ⅲ型社会只能从Ⅱ型社会中衍生出来,Ⅱ型社会又只能是Ⅰ型社会中极少数演变的结果,但是发现Ⅱ型、Ⅲ型社会的可能性比Ⅰ型大得多。因为Ⅰ型社会的扩张能力小,不容易被我们发现;但一到Ⅱ型社会,自然界的毁灭、灾变等便很难将它灭亡,除非整个宇宙全面突然毁灭,否则像一个银河系的毁灭,并不能消灭这个文明社会。

根据宇宙中星系的形成,地球这样的文明(Ⅰ型文明)还是比较容易出现的,但它们不能跨越星系。所以,他们到达地球的可能性很小。当然,地球人已经使"先驱者10号""先驱者11号""旅行者1号"和"旅行者2号"等飞船飞出了太阳系。那么,银河系内的其他星球的Ⅰ型文明并不是一定不能让飞船到达地球。假如银河系内存在Ⅱ型文明,它们要飞离自己的星球而到达别的恒星是比较容易的事。假如Ⅱ型文明就存在于太阳系附近的恒星周围,它们注意到地球是非常有可能的。但一个Ⅱ型文明社会,要在一个像太阳这种长寿恒星的周围存在的可能性更大。如果是在短命恒星附近,而发展速度又不是很快,则是很容易毁灭掉的。另外,以Ⅱ型文明的飞行速度要跨越星系可能比较困难,这就必须把Ⅱ型文明的发现限制在银河系以内。当然,也可能到了Ⅱ型文明社会,智慧生命的寿命也如同他们的能力一样成百亿倍地增长。这样,我们便无法断然否定银河系之外的Ⅱ型文明可以被我们发现。Ⅲ型文明在银河系存在的可能性很小。但对于Ⅲ型文明，我们实在太难把握，也许它就在我们身边，我们也无法认识。宇宙是这么浩渺无边，假如另一个星系已出现了Ⅲ型文明，它可以扩张的星系太多了，不一定非到银河系访问不可。

（三）寻找地外文明的意义

现代恒星演化理论认为，50亿年以后，太阳的亮度将增大100～1 000倍，地球海洋中的水会沸腾、蒸发、干涸，大气分子会逃掉，人类及其创造的文明将面临严峻的考验。探测地外文明将为人类找到经受严峻考验的办法，与地外文明的友好往来将会促进地球文明的发展。寻找地外文明的行动必然会对人类活动的各个领域产生深刻的影响，会促进科学技术的高速发展，会促进国际合作关系，会使我们对宇宙有更深刻的认识，甚至会改变人类社会的进程。

（四）寻找地外文明的可能性

虽然我们推测在宇宙中存在着许许多多的地外文明，但至今尚未有任何联系,原因或许是距离遥远,庞大的宇宙空间使相互联系异常困难。据推测,在银河系中,最大的可能结果是 500 个恒星产生一个地外文明。这样的话,我们平均要找到 501 个恒星才有可能找到地外文明。根据恒星密度,500 个恒星所占的空间半径为 35 光年,这意味着最近的地外文明可能在 35 光年以外,我们向那儿发一个信号,最快也要在 70 年后才能收到回音。原因或许是我们使用电磁波和外星联系,但是由于电磁频谱极宽,我们也不知道他们使用何种频谱。原因或许在于文明发展度:由于存在着不同类型的文明,假如对方是高度发达的文明社会,那么他们可能对我们不屑一顾,避而不见;如果对方的文明程度比我们低,他们也无法和我们相互联络。原因或许是还存在其他生命形式。我们考虑的都是与地球文明相似的文明,但如果有其他生命形式,比如像科幻小说中的蜘蛛人、小绿人,它们就无法和我们交流。并且假如它们是采用我们所未知的形式存在的话,我们也只好永远对它们保持未知。

(五) 绿岸公式——对地外文明
进行定量分析

　　1991 年 11 月,在美国西弗吉尼亚州绿岸镇的射电天文台举行了一场学术研讨会。著名的天体物理学家德雷克提出了一个方程——后来被人们叫作"绿岸公式",这是第一次尝试着对地外文明进行定量分析。德雷克把一个星系里高级技术文明的数目写成一连串的概率因子的乘积,包括星系中恒星的数目,伴有行星的恒星的比率,行星产生的概率,行星允许生命发生的概率,生命演化成理性的概率,掌握了通信联络技术的行星的比率,以及文明社会的持续时间。这些因子中,只有文明社会的持续时间很难估算。以银河系为例,最终的计算结果在 1 至几百万之间。文明可能要经过数十亿年的痛苦进化才能出现,然后又可能由于不可饶恕的疏忽或技术灾难而毁于一旦。但是,如果自我毁灭并非星际文明的注定归宿,如果有百分之一的文明能够成功地度过技术的青春期,那么,银河系中现存的文明数目将以百万计了。美国著名的科普作家阿西莫夫也曾提出了一个公式,这个公式与"绿岸公式"非常相似,他推测银河系中的文明星球大概是 53 万颗。

(六)"奥兹玛"计划

20 世纪 60 年代,美国西弗吉尼亚州西部的绿岸镇附近的国家射电天文台试图接收文明星球传递的无线电信号。1960 年 4 月 11 日正式启动,这项计划的组织者是美国射电天文学家德雷克,这项工作的名字是"奥兹玛"计划,这是一个被动收听地外文明之音的计划。"奥兹"是神话故事中的一个地名,那是一个非常奇异、遥远和难以到达的地方,在那里居住着一位名叫"奥兹玛"的公主。

"奥兹玛"计划的含义是"寻找遥远的地外文明",目的是搜索外星人的来电。"奥兹玛"计划进行了 3 个月。德雷克等人首先将射电天线对准了类似太阳的恒星——鲸鱼座,它距地球11.9光年,结果是一无所获。之后,他们又把天线对准了另一个目标——波江座(距地球 10.7 光年),最初收到了一个每秒 8 个脉冲的强无线电信号。10 天之后,此信号又出现了,不过这并不是人们期待的外星人电报信号。"奥兹玛"计划在 3 个月中累计"监听"了 150 小时。在 1972~1975 年进行的"奥兹玛"二期计划中,科学家对地球附近的 650 多颗星球进行了观测,希望能收听到外星人的回复信号,但结果还是什么都没有收到。不久,苏联高尔基市的电波物理研究所也开始了同样的等候。那里的科学工作者对太阳系附近的几百颗恒星进行了收听,也是一无所获。加拿大安大略省的亚冈昆射电天文台,也曾对地球附近的一些星球进行了搜索观测。美国设在波多黎各东北部的阿雷西博天文台的天线直径达 305 米的射电望远镜,接收面积比"奥兹玛"计划首次搜听太空信息的天线大了 100 倍,记录能力大了 6 倍,它能探测到来自数百光年到数万光年远处天体的信号。美国天文学家德雷克教授深知与外星人取得联系的种种困难,他指出:"对此,我们就像大海捞针一样要探测整个天空,即使是阿雷西博这种高灵敏度的射电望远镜,也得指向 2 000 万个方向。"

虽然如此,"奥兹玛"计划依然代表着人类寻找地外文明的起点。通过它,科学家认为探测目标应该是类似于太阳的恒星。射电望远镜能够观察到的最佳频率范围是 1 000～10 000 兆赫兹,此时的本地噪声最小。如果想要探索其他星球的信息,应该选择通过光速传播的电磁波。遗憾的是,所有努力都是徒劳无功,至今还没有接收到任何地外星球传递出来的与地外文明相关的消息。

(七)"独眼巨人"计划

NASA 的爱姆兹研究所于 1971 年提出了一个称为"独眼巨人"的计划。这个计划要求用 1 000 个直径为 100 米的射电望远镜一个挨一个地按照圆形排列在一起,这样它的收听范围将非常大,用 20～30 年可以把 100 光年以内的所有恒星都调查到。这么规模庞大的计划需要巨额资金,由于 NASA 的财政拨款日益减少,所以反对这项计划的呼声日渐增强。因此这个巨大的射电望远镜群就只有存在于立案计划之中了。

(八)探索地外文明与地外生命

1983 年,第一颗红外天文卫星 IRAS 发射成功,后来传递回来一条重要的宇宙信息：明亮的织女星周围存在着一些固体块状物质，这些物质的温度非常低。天文学家推测，这里可能是一个"太阳系"在缓慢形成，那些块状物质是一些行星，而且正处于凝聚过程中。如果自然环境适宜成为可栖居带，那么，这些行星上会出现地外文明甚至外星人。

航天飞机

太阳系

五、探索可栖居带的"千里眼"和"基地"

（一）"千 里 眼"

人类希望有一双千里眼可以看到极远处的景象。而观测天体更是离不开"千里眼"，这"千里眼"就是望远镜！可以毫不夸张地说，没有天文望远镜的诞生和发展，就没有现代天文学，更没有对"可栖居带"探测的可能。随着望远镜在各方面性能的不断改进和提高，天文学也正在经历着巨大的飞跃，迅速推进着人类对宇宙的认识。

1. 双子望远镜

双子望远镜是由美国大学天文联盟实施的项目，它由两台8米口径的望远镜组成，一台放在北半球，一台放在南半球，以便进行全天系统观测。该项目从1993年开始，至1998年，北半球的一台在夏威夷完工；2000 年，南半球的一台在智利建设完成。由于这两台望远镜使用了一些新的技术，能够获得与哈勃太空望远镜相等效果的图像。

2. 昴星团望远镜

昴星团望远镜位于美国夏威夷莫纳克亚天文台，直径为 8.2 米。它隶属于日本国家天文台，是日本最大的望远镜设备，1999 年建设完成投入科学观测。它是世界上最大的由单一主镜构建的光学望远镜，望远镜自重 555 吨，其中主镜片重达 22.8 吨。

3. 凯克望远镜

凯克望远镜由两台相同的望远镜组成，分别是凯克Ⅰ和凯克Ⅱ，每台口径均为 10 米，是世界上口径最大的光学和近红外线望远镜。它俩的最大特点是可以把凯克Ⅰ和凯克Ⅱ作为凯克干涉仪，由于两者相距 85 米，故它们联合观测时在特定方向上的解析力，如分辨率，相当于一台口径 85 米的单一望远镜，使得它俩在现代宇宙探索中的地位突出，贡献巨大。

4. 欧洲南方天文台甚大望远镜

欧洲南方天文台（欧南台）的甚大望远镜（Very Large Telescope，VLT）位于智利的帕瑞纳天文台，由 4 台相同的口径为 8.2 米的望远镜组成,组合后等效口径可达 16 米。VLT 的 4 台望远镜既可以单独使用,也可以组成光学干涉仪进行高分辨率观测。天文学家计划用 VLT 搜索太阳系邻近恒星的行星,研究星云内恒星的诞生等。

5. 哈勃太空望远镜

哈勃太空望远镜是以天文学家爱德温·哈勃名字命名的在地球轨道上工作的望远镜。由于它在地球大气层外工作,因此不受大气影响,所拍摄的影像品质远高于地面望远镜,是天文史上最重要的仪器之一。哈勃太空望远镜有高的分辨率(成像分辨率高达 0.1 秒)、宽的工作波段(从远紫外 105 纳米到近红外 1 100 纳米)和高灵敏度。它可以观测到暗达 30 星等的天体,相当于人眼所能看到的最暗目标亮度的 40 亿分之一,观测距离则可达到 140 亿光年以上。哈勃太空望远镜为天文学家提供了大量有价值的精确数据和清晰照片。读者在许多杂志、网站上看到的一些美轮美奂的天体照片,大部分是由哈勃太空望远镜拍摄的。哈勃太空望远镜取得了巨大的探测成果。最近几年,哈勃太空望远镜也有了最新的发现:2011 年 11 月,哈勃太空望远镜拍摄到了围绕遥远黑洞存在的盘状构造;2012 年 3 月,哈勃太空望远镜在距地球 24 亿光年的"阿贝尔 520"星系团中发现了一个巨大的暗物质块;2013 年 10 月,哈勃太空望远镜发现了可能是宇宙中距离最遥远的星系;2013 年 12 月,哈勃太空望远镜还发现了太阳系外的 5 颗行星,并且这些行星的大气层中有水存在的迹象,即发现了可栖居带。由于哈勃太空望远镜的设计使用寿命约为 15 年,现已超期服役,NASA 希望它能工作到 2018 年。

6. 开普勒太空望远镜

开普勒太空望远镜是 NASA 为发现环绕其他恒星的类地行星,在 2009 年 3 月发射的太空望远镜(可能是针对探索可栖居带而发射的)。在太阳系内有一种有趣的现象,就是地球轨道以内的水星、金星经过太阳和地球之间时,对太阳面产生部分遮挡,天文上称之为凌日。开普勒太空望远镜就是根据这一现象来寻找其他恒星系统可能存在的行星凌星现象。开普勒太空望远镜不在环绕地球的轨道上,而是在尾随地球的太阳轨道上,所以其观测视野不会被地球遮蔽。经过 3 年的观测,开普勒太空望远镜已经有如下重大发现:发现首颗太阳系外行星;发现质量和直径都比太阳系内行星更小的外行星;发现首个行星恒星系统;发现首颗围绕两颗恒星运动的行星,等等。可惜的是,2013 年 5 月,开普勒太空望远镜发生重大故障,当年 8 月,NASA 宣布放弃维修,结束其科学任务。

7. 大麦哲伦望远镜

大麦哲伦望远镜是计划在 2020 年投入使用的地基极端巨

大望远镜,计划安放在智利的拉斯坎帕纳斯天文台。它的主要任务是用来探寻宇宙中恒星和行星系统的形成。该望远镜包含7个直径为 8.4 米的主镜,综合解像力相当于约 25 米的单一主镜。其功能是目前最大的光学望远镜的 4.5 倍,成像清晰度将达到哈勃太空望远镜的 10 倍。大麦哲伦望远镜的主要任务是用来探寻宇宙中恒星和行星系统的形成等,希望它还能揭开银河系的起源之谜。

8. 阿塔卡玛大型毫米波天线阵

阿塔卡玛大型毫米波天线阵是由多个国家的研究机构在智利北部阿塔卡玛沙漠合作建造的大型射电望远镜阵列,由 66 台口径为 12 米的射电天线组成,分布范围达 16 千米。它的工作波长为毫米和亚毫米,已于 2013 年年底建设完成,总投资超过 14 亿美元,是世界上最强大的射电天文观测设备。它能有效控制宇宙射电波信号的接收,从而捕捉到极遥远宇宙的辐射。科学家从这些辐射中可以了解遥远和古老的星系,并探索年轻恒星周围的行星形成过程。它是人类寻找可栖居带的得力工具。

9. 斯皮策太空望远镜

斯皮策太空望远镜正在帮助科学家寻找其他恒星周围可能发展成为行星的尘云。2004 年,这台太空红外线望远镜搜集到的数据表明,可能有一颗行星正在其所属恒星附近的碟状星云中旋转。斯皮策太空望远镜观测到这片区域位于"CoKu Tau 4"附近。天文学家相信:这个旋转的类似行星的巨大天体,可能已经席卷了该恒星周围的尘埃团,留下一个中空的洞。理论数据显示,该颗可能形成的行星体积至少与木星相仿,也许与太阳系中的行星在亿万年前的面貌相似。有一圈非常美丽的光环在这颗星球的尘埃星云上方旋转,与土星的光环十分相似。组成光环的是无数旋转的碎冰块和尘埃,这是因为一次重力瓦解而形成了这颗可能成为巨大行星的残留物。如果人类能够置身于这样的一颗星球,一定会从一个截然不同的角度去看待宇宙。天空,不再是熟悉的、由无数星星点亮的黑暗的广阔区域,而是充斥着巨大、厚重的碟状星云的"年轻的"行星系统。因为尘埃碟的中心部分已经与共生恒星融为一体,所以能够很清楚地看到这颗太阳系外的恒星("CoKu Tau 4")。由于中央恒星的光线被尘埃阻挡,可以看到一条光环围绕在中央恒星周围。远处看"CoKu Tau 4"碟状尘云呈现黑色,遮盖了除尘云上方的所有恒星。

10. 韦伯太空望远镜

韦伯太空望远镜是 NASA 用来替代哈勃太空望远镜的红外望远镜。与哈勃太空望远镜不同,韦伯太空望远镜不在地球轨道上空旋转,而是在远离地球 150 万千米的拉格朗日点(L2)工作。原计划 2013 年发射升空,现已推迟到 2018 年前后。韦伯太空望远镜能探测到比哈勃太空望远镜暗淡到 1/400 的物体。为了防止太阳光和其他光源对韦伯太空望远镜的影响,它附带有一个网球场大小的遮光罩。韦伯太空望远镜的主镜被分割成 18 块六角形的镜片,发射时将它们折叠起来,到位后再伸展开来。韦伯太空望远镜的主要任务是调查并研究作为大爆炸理论证据的微波背景辐射。当然它也可用来研究恒星的诞生、探索系外行星系统,寻找可栖居带和生命起源等重大问题,设计寿命约 10 年。

11. 500 米口径球面射电望远镜(FAST)

这是目前落户贵州世界最大的单口径射电望远镜,4 450 个反射单元拼出了近 30 个足球场大的接收面积。FAST 的主动反射面是由上万根钢索和 4 450 个反射单元组成的球冠型索膜结构。每个反射单元由 100 块子单元构成,共计 445 000 块面板,总面积约 25 万平方米。之所以称"主动反射面",是因为 FAST 的索网结构可以随着天体的移动而自动变化,带动索网上活动的 4 450 个反射单元,通过主动控制在观测方向形成 300 米口径瞬时抛物面,可以"捕捉"远在百亿光年外的射电信号,并寻找可栖居带。FAST 的巨大身段,不仅使其成为对脉冲星、类星体等各种暗弱辐射源进行精密观测的利器,还有助于解答宇宙初始混沌、暗物质分布与大尺度结构,以及星系与银河系的演化等领域的谜团,而且在深空探测、寻找可栖居带、脉冲星自主导航、高分辨率微波巡视、非相干散射雷达接收系统和太空天气预报等方面,未来大有用武之地。

此外,还有如欧洲极大望远镜、30米望远镜TMT等,都是著名的天文望远镜。TMT还是一个国际合作项目,中国国家天文台等多个研究机构将参与TMT部分项目的研发。TMT建成后,中国将分享和参与TMT的观测,获得科学观测数据。

(二)"基　地"

这里所提的"基地"与前面提到的"千里眼"一样,是一种形象化的比喻,是指专门进行天文观测和天文学研究的机构和学府,如天文台、航天局、科学研究机构和高等院校等。也正是有了"基地"的存在,天文观测和天文学研究才能蓬勃发展,从一个高度攀登上更高的高度!

1. 国外的天文台

(1) 英国格林尼治天文台

格林尼治天文台建于1675年。1835年,天文台杰出天文学家埃里首创了利用"子午环"测时,使该台成为当时世界上测时手段最先进的天文台。天文台1948年迁往英国东南沿海的苏塞克斯郡,新址上的天文台仍叫"皇家格林尼治天文台"。地球上 0°经线所在地在格林尼治天文台旧址,有嵌在地面上的铜线标示为 0°经线。1884 年,经过这个天文台的子午线被确定为全球的时间和经度计量的标准参考子午线,也称为 0°经线。格林尼治时被称为世界时。

(2) 美国夏威夷莫纳克亚天文台

莫纳克亚天文台坐落在美国夏威夷群岛大岛上的莫纳克亚山峰上,是世界上著名的天文学观测研究基地,也是举世公认的最佳望远镜工作场所,海拔 4 206 米。由于莫纳克亚山的高度和孤立于太平洋中央的地理位置,使之成为地球上进行天文观测很重要的陆上基地,不仅是光学波段,对微米、红外都是理想的观测地点。莫纳克亚天文台现有 13 台正在工作的望远镜。其中口径超过 8 米的大型光学望远镜就有 4 台:美国直径 8.1 米的北半球双子座望远镜、日本直径 8.2 米的昂星团望远镜、美国直径 10 米的凯克Ⅰ和凯克Ⅱ望远镜。其他还有加州理工学院的次毫米望远镜、加法夏望远镜、英国红外线望远镜、夏威夷 88 英寸望远镜、超长基线阵列接收机(射电望远镜)。由美国和加拿大联合建造的综合口径 30 米的 TMT 望远镜也将于 2018 年建成于莫纳克亚山顶。

(3) 美国帕洛马山天文台和威尔逊山天文台

帕洛马山天文台位于美国加利福尼亚州圣地亚哥东北的帕洛马山的山顶,海拔 706 米,1928 年建成。20 世纪 20 年代,美国天文学家乔治·海尔成功说服洛克菲勒基金会捐出 600 万美元巨资给加州理工学院,由该校负责建造划时代的 200 英寸(5.08 米)光学望远镜。这台望远镜于 1948 年建造完成,是当时世界上最大口径的望远镜,尽管口径在现在并不算很大,但仍是全球性能最好的单一镜片大型反射望远镜之一。1969 年,为纪念天文学家海尔,帕洛马山天文台和美国威尔逊山天文台合并称为海尔天文台。威尔逊山天文台位于美国加利福尼亚州帕萨迪纳附近的威尔逊山上,海拔 1 742 米,是 1904 年在海尔的领导下建立的。该天文台主要有一台口径 2.5 米的望远镜和一架大口径的太阳望远镜。它们在天文学史上具有极为重要的地位:迈克尔逊精确地测量了恒星的大小和距离;罗素用它测定的数据完成了对恒星的分类;哈勃用它确定了大、小麦哲伦星云为河外星系,还用它发现了红移现象,为寻找可栖居带准备了条件,为现在的大爆炸理论奠定了观测基础。

(4)欧洲南方天文台

欧洲南方天文台由欧洲多国于 1962 年合建,现由欧洲 13 个国家组成,总部设在德国慕尼黑附近的加欣。欧洲南方天文台的观测站设在智利,主要有三个观测站:

拉西拉天文台:位于智利阿塔卡玛沙漠南部海拔 2 400 米的拉西拉山,主要设备有 1976 年落成的 3.6 米口径光学望远镜,1987 年落成的瑞典 15 米口径亚毫米波射电望远镜,1989 年落成的 3.5 米口径新技术望远镜等。

帕瑞纳天文台：位于智利安托法加斯塔以南的海拔 2 632 米的帕瑞纳山，1999 年开始使用。主要设备是 4 台 8.2 米口径的甚大望远镜，4 米口径可见光和红外巡天望远镜，2.5 米口径巡天望远镜。

诺德查南托天文台：位于智利北部海拔 5 104 米的查南托高原，主要设备是 12 米口径的 APEX 亚毫米波望远镜，以及各国合作建造的阿塔卡玛大型毫米波天线阵。

欧洲南方天文台：是南半球甚至全世界观测条件最佳的天文台之一，年平均可观测时间在 310 天左右。特别是阿塔卡玛沙漠的自然环境与火星类似，堪称世界上最干燥的区域，高海拔和极端干燥的环境造就了地面最完美的天文观测条件。欧洲南方天文台 2006 年开始研制极大望远镜 E－ELT，预计 2018～2023 年完成。

（5）波多黎各阿雷西博天文台

阿雷西博天文台位于波多黎各岛的阿雷西博山谷中，是世界上最大口径的射电望远镜，建成于 20 世纪 60 年代初，直径为 305 米，后扩建为直径 350 米。该望远镜嵌在一个巨大的灰岩坑内，坑内由 38 万片铝瓦铺设成抛物面形状。射电望远镜不同于光学望远镜，它不是依靠视觉而是依靠"听"觉来认识宇宙的。阿雷西博射电望远镜的灵敏度极高，能探测到几十亿光年外的天体，寻找到可栖居带想必不是极难事。波多黎各岛位于赤道附近，这个位置对于跟踪和观测行星、脉冲星和其他天体十分理想,在 50 年的历史中有过多次重大的天文发现。

2. 中国的天文台

提到天文台,中国的天文台发展迅速,引人注目。

（1）国家天文台

中国科学院国家天文台,由原北京天文台、云南天文台、乌鲁木齐天文观测站、长春人造卫星观测站等台站及南京天文光学技术研究所等于 2001 年 4 月 25 日合并而成,总部位于原北京天文台总部,在河北省兴隆县建有大型观测基地。

国家天文台主要从事天文观测和天体物理以及天文高技术研究,并统筹我国天文学科发展布局、负责科研工作的宏观协调、优化资源和人才配置。重点研究领域有:宇宙大尺度结构、星系形成和演化,恒星形成和演化,太阳磁活动和日地空间环境,空间天文观测手段和空间探测、天文新技术和新方法等。国家天文台拥有两个中国科学院重点实验室,分别是光学天文和射电天文重点实验室;一个国家大科学工程指挥项目指挥中心。国家天文台设有 30 个领域前沿研究团组、7 个高技术实验室和 8 个野外观测基地。此外,国家天文台与阿根廷圣胡安大学合作,在南美洲设有一观测站,运行我国自行研制的光电等高性能仪器和正在研制的高精度激光测距系统。2012 年起,在新疆开建可转动 110 米射电望远镜,还有已建成或在建的多座天文望远镜,如前面已提到的 500 米口径球面射电望远镜（FAST）等。

（2）紫金山天文台

紫金山天文台是中国著名的天文台，是中国自己建立的第一个现代天文学研究机构。中国科学院紫金山天文台，简称紫台，成立于 1950 年 5 月 20 日，前身是成立于 1928 年 2 月的国立中央研究院天文研究所，总部观测站位于南京市东南郊风景优美的紫金山上。它在全国有 7 个天文观测站，其中青海观测站是我国最大的毫米波射电天文观测基地，盱眙观测站是我国唯一的天体力学实测基地，各台站拥有中大型望远镜 11 架。紫金山天文台是一个综合性的天文台，可以进行恒星、小行星、彗星和人造卫星的观测与研究，以及对太阳进行观测，并进行太阳活动预报。紫金山天文台主要承担着天文观测和天文学研究两大任务。2020 年前，紫金山天文台将建设包括天体物理实验室、暗物质实验室、空间碎片实验室、南极中心等实验室。

（3）上海天文台

中国科学院上海天文台成立于 1962 年。上海天文台以天文地球动力学、星系宇宙学为主要学科方向，同时积极发展现代天文观测技术和时频技术。总部设在上海市徐家汇，下设四个研究部门：天文地球动力学研究中心、星系宇宙学研究中心、VLBI 研究室和天文技术研究室。上海天文台的主要工作是应用现代空间天文观测技术监测和综合研究地球整体运动以及研究星系形成、演化等。2012 年 10 月 28 日，亚洲最大的全方位可转动射电望远镜在上海落成。这台射电望远镜的综合性能排在亚洲第一、世界第四,能够观测 100 多亿光年以外的天体,并参与我国探月工程及各项深空探测任务。它高达 70 多米,重达 2 650 多吨,天线反射器直径为 65 米,形似一个宽口大锅,它能进行 360°方位旋转,还能进行 90°的仰俯,地面以上的信号都在它的捕捉范围内。65 米射电天文望远镜共有 8 个接收波段,是我国目前口径最大、波段最全的一台全方位可动的高性能的射电望远镜,总体性能仅次于美国的 110 米射电望远镜、德国的 100 米射电望远镜和意大利的 64 米射电望远镜。

3. 航天局

(1) 美国航空航天局(NASA)

NASA 是全球最大的空间探测机构,创立于 1958 年,雇员近 2 万人,年度经费达数百亿美元,已经实施的重大项目有:"阿波罗"登月计划,天空实验室空间站,航天飞机,哈勃太空望远镜,国际空间站(合作项目)和火星登陆计划,以及多种行星际探测器。NASA 建立了 6 个战略事务部:航天飞行部、航空航天技术部、地球科学部、空间科学部、生物和物理研究部及安全与任务保障部。另外,NASA 还有 10 个研究中心:戈达德航天飞行中心、约翰逊航天中心、肯尼迪航天中心、马歇尔航天飞行中心、斯坦尼斯航天中心、艾姆斯研究中心、德莱登飞行研究中心、兰利研究中心、戈兰研究中心和喷气推进实验室。NASA 的研究领域非常广泛,主要分为三大部分:航空和空间科学研究和探

70

索,包括太阳系探索、火星探索、月球探索、宇宙结构和环境探索;地球学研究,包括地球系统学、地球学的应用;生物物理研究,包括太空生命、太空生命维持、航天员培训等。

(2)欧洲航天局(ESA)

ESA是欧洲数国政府间空间探测和开发的组织,总部设在法国首都巴黎。ESA成立于1975年,主要有6个中心:ESA巴黎总部、设在荷兰的欧洲航天研究和技术中心、设在德国的欧洲航天空间操作中心、设在意大利的欧洲航天研究所、设在德国的欧洲航天员中心、设在西班牙的欧洲空间天文中心。ESA的航天发射设在法属圭亚那库鲁航天中心。ESA规模比NASA小很多,下属的阿里亚娜空间公司生产的阿里亚娜火箭是全球主要的空间运载工具之一。已经和正在实施的重大项目有:伽利略定位系统,火星"快车号"火星探测器,哥伦布轨道设备,"Smart 1号"(新推进技术试验)月球探测器,空间天体测定。下一步的主要工作是:实施"达尔文计划",在距离地球几光年之外探索生命踪迹,寻找遥远恒星的行星,寻找可栖居带,打算2020~2025年间将航天员送上月球,2030~2035年实现航天员火星登陆。

(3)俄罗斯联邦航天局(RKA)

RKA总部位于莫斯科附近的星城。2004年俄罗斯航空航天局改名为俄罗斯联邦航天局。1991年苏联解体后,一度资金严重缺乏,大量研究人员被迫离开,原计划中的登月和国际太空站项目无法实施。近几年,资金方面情况已大大改善,但其太空探索的能力已远不如从前。RKA已实施的重大项目有:第一颗人造卫星,第一个太空人,"和平号"太空站,金星系列探测器等。

(4)中国国家航天局(CNSA)

在原航天工业部的基础上,CNSA于1993年4月22日成立。CNSA的主要任务是探索外层空间,扩展对地球和宇宙的认识,和平利用外层空间。现已取得了包括"东方红1号"卫星、"神舟"系列载人航天、"嫦娥"系列探月工程、"天宫1号"空间站、"北斗"系列导航卫星系统、资源勘探遥感卫星等科研成果。

除了"神舟"飞船和"嫦娥"工程外,已经完成的具有标志性的重大工程:

1958年4月,在甘肃酒泉开始兴建中国第一个运载火箭发射场,标志着中国航天第一个自主发射基地的诞生。

1968年2月20日,中国空间技术研究院成立,专门负责研制各类人造卫星。

1970年4月24日,"东方红1号"卫星在甘肃酒泉航天发射基地由"长征1号"火箭发射成功,这是中国发射的第一颗人造卫星,继苏联(1957年)、美国(1958年)、法国(1965年)和日本(1970年)之后,中国成为第五个自主发射人造卫星的国家。

1975年11月26日,中国发射了第一颗返回式遥感卫星,卫星按预定计划于当月29日返回地面。这使中国成为世界上继美国和苏联之后第三个掌握人造卫星返回技术的国家。

1979 年,"远望 1 号"航天测量船建成并投入使用,使中国成为世界上第四个有远洋航天测量船的国家。

1980 年 5 月 18 日,中国向太平洋预定海域成功地发射了远程运载火箭,标志着中国具备了发射高轨道人造卫星的发射能力。

1981 年 9 月 20 日,中国用一枚运载火箭发射了三颗科学实验卫星,这是中国第一次一箭多星发射,使中国成为世界上第三个掌握一箭多星发射技术的国家。

1984 年 4 月 8 日,中国第一颗地球静止轨道试验通信卫星发射成功。4 月 16 日,卫星成功地定点于东经 125°赤道上空。这次发射成功,标志着中国掌握了地球静止轨道卫星发射、测控和准确定点等技术。

1986 年 2 月 1 日,中国发射了第一颗实用地球静止轨道通信广播卫星。2 月 20 日,卫星定点成功。这标志着中国卫星通信技术由试验阶段进入了实用阶段。

1990 年 4 月 7 日,中国自行研制的"长征 3 号"运载火箭在西昌卫星发射基地把美国制造的"亚洲 1 号"通信卫星送入预定的轨道,标志着中国航天发射服务开始走向国际市场。

1990 年 7 月 16 日,"长征 2 号"捆绑式火箭首次在西昌发射成功,其低轨道运载能力达 9.2 吨,为发射中国载人航天器打下了基础。

2011 年 9 月 29 日,中国第一个目标飞行器"天宫 1 号"发射成功,它标志着中国迈入航天"三步走"战略的第二步第二阶段。

4. 高等院校

这里介绍的是我国设有天文系的几所高校。

(1) 南京大学天文与空间科学学院

成立于 2011 年 3 月,其前身是始建于 1952 年的南京大学天文学系,是目前全国高校中历史最悠久、培养人才最多的天文学专业院系,在历届全国高校天文学科评比中均排名第一。拥有为教学科研服务的中心实验室、太阳塔实验室、现代天文与天体物理教育部重点实验室和南京大学深空探测实验室等 4 个实验室。南京大学深空探测实验室主要从事的研究方向有火星探测科学任务设计及火星地质科学、卫星与星座自主导航、空间和行星遥感卫星设计及载荷研发、月球探测及探测器空间交会技术等。2006 年南京大学在"天文资料分析和计算物理国家专业实验室"的基础上筹建"现代天文与天体物理教育部重点实验室",以充分发挥天文系原有的学科优势,推动天体物理、天体测量和天体力学学科的交叉、渗透和发展。

(2) 北京大学天文学系

2000 年 6 月正式扩展为北京大学天文学系(原为北京天体物理中心),研究领域包括天体物理学和天文技术及应用两方面。天体物理学是当前天文学中发展最快和最富有成果的学科,它一直是北京大学天文学系的主要学科方向。天文学系的研究主要集中在以下领域：宇宙学与星系物理、利用宇宙大尺度结构研究暗物质与暗能量的本质、活动星系核与高能天体物理、恒星与行星系统，等等。

（3）北京师范大学天文学系

北京师范大学天文学系是 1960 年在我国高校成立的第二个天文系，系内设有现代天体物理实验室、天文教学综合实验室、天文探测技术实验室、卫星精密定轨实验室、多波段天文数据中心和天文观测研究中心，与国家天文台还联合设立了天文研究基地。北京师范大学天文学系是国家重大天文项目——南极天文、国家大科学工程 500 米射电望远镜和国际合作项目恒星全球观测网的核心单位之一。

（4）中国科学技术大学天文学系

前身是天体物理中心，创建于 1972 年。1998 年学校在天体物理中心和基础物理中心的基础上成立了天文与应用物理系，2008 年改名为天文学系。中国科学技术大学天文学系主要从事宇宙学、活动星系与正常星系、相对论天体物理与高能天体物理等方面的教学和研究。取得了一批有影响力的研究成果，是我国力量最集中的研究机构之一。还承担了国家大型科学工程"大面积多目标光纤光谱天文望远镜"中的课题研究工作。

（5）清华大学天体物理中心

成立于 2001 年，是一个跨院系的开放式研究中心，由物理系、工程物理系及信息技术研究院组成。研究方向主要包括：高能天体物理的研究、光学波段的天文观测与研究、宇宙学研究、引力波观测数据的分析。清华大学天体物理中心与中国科学院高能物理研究所联合研制的我国第一颗天文卫星空间硬 X 射线调制望远镜，可以进行世界最高灵敏度和空间分辨的硬 X 射线观测。

空间火箭发动机

载人探索飞行器

六、与地外文明联系的手段

探测宇宙深处、寻觅可栖居带和地外文明始终是科学家矢志不渝的追求目标。

对于可栖居带和可能存在的地外文明,已采用过多种手段,前者已有所发现,后者则至今仍无收效,但一定会坚持下去!

(一) 发送地球名片

"地球名片"是一块铝质镀金的金属牌,上面绘制了表示太阳系和人类的有关信息。如果银河系中的地外文明获得了这张"名片"并破译了上面的内容,就有可能和地球人取得联系。携带这张"名片"的星际和行星际探测器是"先驱者10号"和"先驱者11号"。美国发射的"先驱者号"系列探测器是世界上第一个行星和行星际系列,共发射了13颗,其中前4颗未进入预定轨道,获得部分成功,其他的"先驱者号"探测器都发挥出了预期的功能。

"先驱者 10 号"于 1972 年 3 月 2 日发射升空,是世界上第一个考察木星的"使者":身高 2.4 米,最大直径 2.7 米,重 258 千克,载有 12 台科学仪器和 2.7 米直径的抛物面天线,发射机用 8 瓦功率向地面深空跟踪网传送信号。它于 1973 年 12 月飞临木星,在距木星 1.3 万千米处穿过木星云层时拍摄了世界上第一张木星照片,向地球发回 300 多张木星和木卫的照片。"先驱者 10 号"是首次飞越木星并首次发回木星照片的探测器。也是它首先发现木星有辽阔的磁场和巨大的辐射带,木星由近似于土星这样的光环所环绕,率先发现木星主要由液体和气体组成。之后,"先驱者 10 号"利用木星引力加速飞向土星,又借助土星引力飞向冥王星,约于 1989 年 6 月越过冥王星,成为第一个飞出太阳系的探测器。2002 年 3 月,美国科学家还与远在 119 亿千米外的"先驱者 10 号"取得过通信联系,证明超远距离的通信效果不错,这颗漂泊在太阳系外的探测器依然运转正常。"先驱者 10 号"的考察计划原本 2 年左右,但它却超期服役,直到 1997 年 3 月,科学家才正式宣告"先驱者 10 号""退役"。即使如此,"退役"后的"先驱者 10 号"还不断发挥"余热",为尖端通信事业作出贡献。人类最后一次收到其信号的时间是 2003 年 1 月 22 日。科研人员曾在 2003 年 2 月 7 日试图和它再次联系,但失败了,也许"先驱者 10 号"的能量已无力再发回任何信号了。目前"先驱者 10 号"正向着金牛座方向飞去,估计至少要再飞 200 万年,才能掠过与这个星座距离最近的恒星。

"先驱者 11 号"于 1973 年 4 月 5 日发射入轨,1974 年 12 月飞过木星,对土星进行了重点探测。它不仅发现了土星的两条新光环,还发现土星的辐射带强度远低于地球辐射带强度,而且证实土星的磁场比地球要强 600 倍。"先驱者 11 号"还探测了可能孕育生命的土卫六。1995 年 9 月,它可能因电池耗尽而与人类失去联系。据科学家推算,它已于 1990 年 2 月飞越冥王星,正向着天鹰座飞行,将在 400 万年后飞临天鹰座的一颗恒星。

"先驱者 10 号""先驱者 11 号"是一对孪生探测器,它们身上都各自带有一张"地球名片","名片"上的辐射线代表 14 颗脉冲星,反映地球在银河系中的方位;下边是太阳和它的九大行星(注:根据资料,冥王星已被降格为矮行星,因此,目前太阳系内应为八大行星);左上方两个用横线连接的圆圈,表示地球上第一号元素氢的分子结构;右边是"先驱者号"探测器的简图招手,表示地球人类向地外文明人致意;行星间的一条曲线表示探测器的飞行轨迹,它的出发地点是太阳系的第三颗行星——地球。

(二) 吹奏"地球之声"

"地球之声"是一张直径为 30.5 厘米的铜镀金质唱片,正反面都录制了地球人类的各种信息(包括声音和视频画面)。唱片密封在一个铝盒内,可以保存 10 亿年,唱片可以连续进行播放。唱片由另一对孪生探测器"旅行者 1 号""旅行者 2 号"各携带一张发射升空。

我们先简要介绍这对孪生探测器:这对探测器均为环状十边形结构,装有直径为 3.7 米的大型高增益天线,配有 3 台放射性同位素热电发生器作为电源(2 台工作,1 台备用)。探测器由计算机控制带有广角、窄角电视摄像机各一台。率先升空的是"旅行者 2 号",它于 1977 年 8 月 20 日发射入轨。跟随其后,1977 年 9 月 5 日,"旅行者 1 号"也发射入轨。由于飞行路线的差异,使"旅行者 1 号"后来居上,先行飞到木星。它们对木星、土星包括天王星、海王星的探测都取得了重大成果,如"旅行者 1 号"首次观测到木星背阳面的极光,"旅行者 2 号"则发现了土星的 13 颗新卫星,使土星的卫星增至 23 颗,并探测了其中的 9 颗卫星。1986 年 1 月 24 日,"旅行者 2 号"在距天王星 8 万千米的地方掠过,对天王星进行了为期 46 天的观察,第一次精确测得了天王星的公转和自转周期:公转周期,即绕太阳公转一周相当于 84 个地球年;自转周期为 16.82 小时。这次探测天王星的成果甚至超过了以往 200 多年所积累的成果。

"旅行者 1 号"于 1988 年 11 月飞离冥王星。据科学家推算,目前它已经飞出太阳系,并以每秒 17 千米的速度,向太空深处飞去。"旅行者 2 号"则于 1989 年 10 月飞越冥王星,目前它正以每秒 16 千米的速度飞向银河系。

"旅行者1号"和"旅行者2号"探测器都携带了"地球之声"的唱片。唱片封面的示意图意在告诉地外文明人音频信号如何复现视频画面，示意图的结尾是一个圆。唱片的一面录制有116张图片。第一张图片是个圆，如果地外文明人能在复现时得到这个圆，说明地外文明人的处理方式是正确的。同时，圆形可以帮助外星人正确地推算图框的高宽之比。第二张图片是用二进制码绘制的太阳系方位图。第三张图片是数学定义，告诉地外文明人，用什么速度播放该唱片比较合适。第四张图片是物理单位定义，用二进制表示长度、时间和质量。第五、六张图片表示太阳系中各行星的直径和与太阳的距离、质量、自转周期。第七、八张图片是太阳和太阳光谱。第九张到第十二张图片是水星、火星、木星和地球的照片。其余的图片分别反映了地球的地形、地貌和地球人的细胞组织、男女性别、家庭组成和风土人情等。中国的万里长城和全家聚餐时的图片也入选其中。唱片的另一面，录制了当时的联合国秘书长和美国总统的贺词，55种不同语言的问候语，35种自然界的声响和27首名曲。问候语中有普通话、广东话、厦门话和吴语（上海、苏州、浙江一带的方言）。名曲中有中国古筝演奏的《高山流水》。唱片能连续播放。

　　预计"旅行者2号"将在294 000年后飞抵距地球8.6光年的天狼星。如果这颗行星上果真有高级文明存在，如果他们在破译这张唱片后立刻与地球人联系，那么，我们可望在30万年后收到他们发出的联系信号。目前，"旅行者1号""旅行者2号"携带着"地球之声"的唱片继续向太空深处飞去。显然,它们已经飞出了太阳系,至于它们中哪个飞得更远,现在很难确定,因为对在太阳系外飞行的探测器若仍用传统方式来计算飞行距离,可能会带来较大的误差。

(三) 给地外文明发"电报"

给地外文明发"电报"称为 METI,这是人类采取主动与地外文明沟通的尝试。1974 年 11 月 16 日下午,在位于加勒比海的阿雷西博天文台射电望远镜向武仙座的 M13 星团发出了一份问候和自荐电报。该星团距太阳系约 24 000 光年,星团直径有 2 000 光年,那里云集着几十万颗恒星,其间有存在地外文明的可能性。如此遥远的距离,这封电报要经过 25 000 年才能到达 M13 星团。这封电报以二进制数码编制,共 1 679 个字,用两个射电频率之间的变化来表示 0 和 1,宇宙间任何掌握射电天文学的文明都有能力进行解读。电报中的 1 679 字是"23"和"73"的乘积。也就是说,如果地外文明收到这封电报,可以把字码排列成"73"行,每行"23"个字,得出由 0 和 1 组成的长方形电码网。它包含了丰富的地球人类信息。如果把 0 和 1 的任何一种电码涂黑,可以得到一幅黑白图片。电报中蕴含的信息有:1 到 10 的二进制数学符号;氢、碳、氮、氧、磷五种元素的原子序数;12 组化学式符号,以及代表上面五种元素组成的有机分子的简单结构(DNA组成成分);DNA的双螺旋结构图案;地球人外形图;地球人类总数和地球属于太阳系中的一员及其他七大行星的排列次序等。还有,当发送了1 679个二进制信号,发射功率为83千瓦,持续3分钟时,在这个时间段如有地外文明存在,它们会看到地球是太阳系中最亮的星球。

此后由萨特塞夫等主导,利用乌克兰位于埃夫帕多利亚的RT-70巨型射电望远镜又进行了三次规模更大的信息发送。1999年7月1日发射的目标天体为天鹅座HD190363、天箭座HD190464、天箭座HD178428和天鹅座HD186408,信息量为370 967比特,功率为8 640千瓦,持续了960分钟。2001年9月4日发射的目标天体为大熊座HD9512、长蛇座HD76151、双子座HD50692、室女座HD126053和天龙座HD193664,信息量为648 220比特,功率为2 220千瓦,持续了366分钟。2003年7月6日发射的目标天体为仙后座Hip4872、猎户座HD245409、巨蟹座HD 75732、仙女座HD10307和大熊座HD95128,信息量为500 472比特,功率为8 100千瓦,持续了900分钟。

采取METI在科学界引起了很大的争议。著名的射电天文学家诺贝尔奖获得者赖尔认为,地外智慧生命可能有恶意和攻击性,而且其科技水平可能远高于地球人类,我们实施METI将会暴露自己所在的位置,与其交往可能是自寻灭亡。另外,具有很高声望的英国科学家霍金,也主张不要与他们接触,他认为"如果外星人有朝一日拜访我们，我想结果会像克里斯托弗·哥伦布首次登陆美洲那样，当时美洲土著人遭了殃"。著名科幻作家布林也是 METI 的反对者，他认为整个宇宙像一大片黑暗的森林，其他外星人都在警惕地保持沉默，而我们实施的 METI 无疑是在黑暗的森林中到处呼喊，是一种自杀行为。不过 METI 的支持者可能更多。能实施上述多次大规模试验就是明证！他们认为"地外文明可能具有善意和更高的智慧，或许还能帮助地球人克服自身的问题，如从核战争、生化战争、环境污染和恶化等自我毁灭的危机中脱险"，而认为与外星人交往很有必要。他们还认为，如果人类自己在暗黑的宇宙中保持沉默，只愿意进行 SETI（利用射电天文方法搜索地外文明的方法，下面一节将作介绍），而不施行 METI，又怎么能够问心无愧地指望其他地外文明既实施 SETI，又实施 METI 呢？如果他们也禁止 METI，那我们如何能接收到他们的信号？进行 SETI 又有何意义呢？这就是著名的"萨特塞夫 SETI 悖论"。今后的情况大概还是会延续一批科学家进行不断改进的 METI 实验，而总会有一些人出来反对的局面。

（四）监"听"来自太空的"声音"
——SETI 计划等

SETI 计划主要是通过地面监听来自太空的无线电波，从中寻找到人造信号,进而捕捉到地外文明的信息。地面监听主要依靠设在波多黎各的阿雷西博天文台、直径为 305 米的射电望远镜。这架望远镜进行 24 小时全天候不间断地监听来自外太空的无线电波。SETI 计划分为全天搜索和定点搜索两部分。

1. 全天搜索

全天搜索是用 NASA 深空探测网中直径为 34 米的天线,检测频率为 1 000～10 000 兆赫兹的所有电波。其中包括被普遍看好的氢原子波长,因为氢是宇宙中最常见的物质。科学家猜测,如果地外文明人要向天体发送信号,应该使用最容易找到的交流方式,即由氢波长编制的文明信号,就像我们所认识的那样。

2. 定点搜索

定点搜索则使用 NASA 直径为 70 米的巨型天线和直径为 305 米的射电望远镜,检测频率为 1 000～3 000 兆赫兹的所有电波,以及 3 000～10 000 兆赫兹的部分频段,搜索距太阳系 80 光年以内的 800 颗恒星和若干星团、星系。

3. SETI 计划

SETI 计划实施至今已有 40 多年,具体组织者是 NASA。由于所探测的电波数量极大,必须借助超级计算机的协助。也由于计划经费的短缺,往往处于力不从心的境地。目前准备与因特网互联来解决计算方面的难题。这样,任何一个人只要通过"SEⅡ@home"下载分析程序,在P计算机闲着时对搜索到的数据进行分析。从少数人的搜索工作变为全民大搜索工作,至今已有超过300万人参加到这项浩瀚的工程中去。尽管到目前为止还未找到地外文明的有用证据,但科学家仍有信心,因为至今也没有找到地外文明不存在的证据。

SETI是国际天文联合会(IAU)属下的各种专题委员会中的一个委员会,专门负责地外文明搜索的策划和协调工作。SETI的前提是认为存在地外文明,而且他们已发展到像地球人类那样能够掌握无线电通信技术,同时具有与其他地外文明联系的欲望。前面提到的奥兹玛计划就是SETI的具体行动,至今毫无结果,其实这种"无结果"的结果不难理解。

4. "无结果"

在浩瀚宇宙的亿万恒星中,存在已掌握无线电通信技术并用于星际交流的智慧族群毕竟极少。我们监测的星球不过几万颗,考虑到地外文明所在的位置(方向和距离)、他们发射信号的技术水平(功率和方向性)、发射的时间,尤其是选用的频率等因素后,能够接收到他们的信号的概率实际上是微乎其微的。

再说,无线电波的频率范围极为宽广,到底选用哪些频率(波段)来进行星际通信(包括接收和发射)?天文学家曾做过仔细的探讨。目前认为,为了避开银河系背景噪声和地球大气中的各种无线电噪声,星际通信频率应选至 1 000 兆赫兹到几十千兆赫兹之间的窗口。这个窗口中有两个特殊频率,即由氢原子激发态产生的 1.42 千兆赫兹(21 厘米波长)和由羟基(OH)产生的 1.65 千兆赫兹(波长 18 厘米)。许多专家认为,SETI 采用的频率应选在这两个频率之间。因为氢和羟基均为水的组成部分,因此 1.42~1.65 千兆赫兹的小窗口也被称为"水洞"。问题是地外文明也会这么想吗? 实际上是不确定的。因此 SETI 的频率选择让人很伤脑筋。但若要包括非常宽的频率范围,技术上的难度可想而知。许多学者认为应当采用在宽广频率范围内进行扫描的方法。另一方面,射电望远镜的口径和接收机的灵敏度,当然只能就人类现有的技术水平尽力而为。然而把望远镜指向何方? 是对一颗颗星球逐一接收,或是接收一大片天空? 这又涉及望远镜(无线)的空间分辨率问题,与接收信号的灵敏度存在矛盾。从 1980 年开始,SETI 的研究者已设计了一套软件系统,利用世界上几台大型射电望远镜和计算机的闲余时间,自动搜索和接收外星人的信号,传送到 SETI 委员会的数据中心进行处理。这套系统居然于 1998 年接收到 1972 年发射的已到达宇宙深处的"先锋 10 号"的微弱信号,足见这套探测系统的有效性。

5. "凤凰计划"

"凤凰计划"第一次为研究人员提供了机会,允许他们在世界各地建立探测器,在世界各个天文台,利用"空闲"时间,使用那儿现成的射电望远镜。"凤凰计划"最初是由美国政府出资的。像萨根这样的知名人士终于说服了美国政府,使其相信一项认真的、资金充裕的 SETI 计划对 NASA 的年度财经预算来说实在算不了什么。他们认为 SETI 计划并不是为了满足一些受科幻小说影响的科学家的个人爱好而浪费公众的资源,分散研究的精力,它应当被视为一项切实可行的科学研究,它必将在许多领域结出累累硕果。就连《外星人》和《第三类接触》的导演斯皮尔伯格也资助了一个设在美国东海岸的与"凤凰计划"有关的项目。其他有钱的爱好者也纷纷把钱投到世界各地的搜寻活动中。"凤凰计划"使用包括澳大利亚帕克斯 64 米射电望远镜(南半球最大的射电望远镜)和美国国立射电天文台位于西弗吉尼亚格林班克的 100 米射电望远镜(已建成的世界最大的可动式射电望远镜),监测频率范围为 1 000~3 000 兆赫兹,其中分为 10 万个频道。不同于 SETI 对全天空巡视,"凤凰计划"实际上是对 200 光年以内的所选定的约 1 000 个类太阳型恒星进行靶向监测。另外,还有计划将在美国加利福尼亚州北部建造由 42 个射电望远镜组成的艾伦望远镜阵(ATA),未来将把望远镜扩展到 350 个。ATA 的频率覆盖 1 000~10 000 兆赫兹,是"凤凰计划"的 3 倍,频道数目为 1 亿个。与接收灵敏度有关的系统温度低达 35 K,由于 ATA 在天空中有许多个灵敏像点,因而可同时观测许多个目标天体,从而使搜索扩大到几百万颗恒星。

6. 更大的投入

目前一些国家还在建造威力更为强大的射电望远镜。例如在我国贵州平塘县利用当地的喀斯特地貌特征,建造了口径为500米的固定式射电望远镜。该项目称为 FAST,由包括中国在内的20多个国家合作建造的世界最大的射电望远镜阵列 SKA,相当于30个200米口径的射电望远镜。SKA 的灵敏度将是现有最大的射电望远镜的几千倍,据说可以接收到50光年以内外星人的手机网络信号。SKA 计划投资10多亿英镑,目前已有两个安装候选地址,一为澳大利亚西部的米卡萨拉附近,另一为南非的卡那旺附近,正在进一步评估。这些设备建成之后,除了进行传统的各种射电天文课题研究外,投入地外智慧生命的搜索也是极其重要的方面。

长征三号乙火箭

火箭

七、借"太空通道",亲临宇宙中的可栖居带

宇宙中存在可栖居带,但可能是在遥远的彼岸,穷人类几代人甚至几十代人的一生,即使乘坐目前飞得最快的航天器也是无法实现亲临的。因为宇宙中的可栖居带离地球实在太遥远,成百上千光年的距离很是普通! 随着科学技术的发展,太空中存在神秘通道的理论,现在似乎已被越来越多的专业工作者所认可了。太空中的神秘通道,通常说的是太空"地铁"、引力走廊、虫洞。等下文介绍完后,你一定会觉得"亲临"宇宙中的可栖居带并无难事,即使是当代的老年人也可以获得这份幸运!

(一) 太空"地铁"

太空通道可以形象地比喻为太空中的地铁。在现实世界

里,最先发现太空中存在通道系统的是数学家。他们认为,科幻作家的描绘不是凭空臆测,而是与"实际存在"很接近。值得庆幸的是,科学工作者正在向数学家"靠拢"。一个明显的实例是NASA的工程师们似乎已经"看"到了太空中的通道系统,而且还欣然为它们命名为"星际超级高速路"。其实,美国明尼苏达大学的理查德·麦克金西教授早在20世纪60年代就曾提出,太空中存在通道系统,而且通道是一个套一个的,每一条通道都对应一个特定的最佳速度,而太空飞船可以在任何一条通道中飞行。最美的是,这些贯通这个太阳系的通道皆互相连接,这样,太空飞船沿着通道飞行,便可遨游太阳系甚至整个宇宙而不必花大力气。在离开这一通道要进入另一个通道时,也只需要对飞船稍稍加点力"推一下"就行。

麦克金西教授或许可以称得上是"太空通道系统"存在的先知,才会有以后一系列对太空通道的论述和实践。比如对穿梭于太阳系各行星之间的奥托马彗星,科学工作者认为其飞行轨道有两条通道:一条通道位于木星轨道内,另一条位于木星轨道外,在两条轨道的相遇处,奥托马彗星可以转换通道,也可以不转换通道,这全取决于太阳与木星引力间的微秒关系。又如2000年,美国加州理工学院和NASA喷气推进实验室的科学家应用太空通道理论发现了木星卫星(木卫二)的运行轨道。2005年,德国的科学家同样应用通道理论设计从地球飞向金星的最佳方案。据介绍,所需要的燃料仅为"金星快车"的极小部分。

随着对"通道"研究的深入，目前已有充分的证据表明，木星与太阳系内每一颗行星之间都有太空通道连接，而且通道都是自木星出发，接收端在太阳系内其他的行星体上。这些通道的存在均依靠木星与太阳之间的引力场。也就是说，木星与太阳之间的引力场所形成的通道将太阳系内各星体和谐地结合起来，木星成为太阳系内航行的枢纽站。

(二) 引 力 走 廊

引力是什么？茫茫宇宙由无数个星系、星体组成，它们均沿着各自的轨道秩序井然地运转着，是什么神奇的力量把这些天体组合在一起的？科学家认为是引力波存在于宇宙中，具有巨大质量的运动天体就会产生强烈的引力波。引力波存在的事实先后被美国马里兰大学物理学家韦伯博士和日本东京大学平川诺教授通过检测而证实。目前，美国弗吉尼亚理工学院的谢恩·罗斯教授正在致力于寻找木星卫星系统中的"引力走廊"，也就是找出行星与卫星间在复杂的引力相互作用下而形成的一条耗费能源最少，尽管可能是蜿蜒曲折的通道。这种通道就称为引力走廊。一旦有太空飞船需要进入引力走廊后，首先不需要考虑被天体的引力波所捕获。另外，在引力走廊中基本上不会产生加速和减速，当然就不需要消耗燃料。根据谢恩·罗斯教授的设想，NASA 喷射推进实验室的数学家罗闻宇等人共同开发了一个软件，通过这个软件可以很快计算出太空飞船利用引力走廊的飞行路线。罗斯教授认为，利用地球和月亮间的引力走廊，有可能在不久的将来成为现实。目前已有一项太空飞行任务即"起源号"飞船飞行任务，已试图通过引力走廊去完成捕获太阳风粒子并将其带回地球。"起源号"已于 2004 年发射，估计该探测器所携带的燃料仅是通常在太空飞行执行同样任务的探测器的 10%。这是个了不起的结果，根源就因为它飞行在引力走廊中。

（三）虫　　洞

60 多年前，伟大的科学家阿尔伯特·爱因斯坦的相对论提出了虫洞——连接空间两点的时空捷径，也就是宇宙中的"隧道"。

虫洞有两端都可以出入，它能扭曲我们熟知的空间，可以使原本相隔亿万千米的两地，瞬间变成近在咫尺。一个虫洞的"另一端"可以在空间任何地方，使经过虫洞的任何物体顷刻就可以出现在宇宙空间的"这一端"。有这样一种说法，如果你于 12:00（时间）站在虫洞的一端（入口），你会在 12:00（时间）从虫洞的另一端（出口）出来。

虫洞还是个可以双向互通的洞,有这样一种比喻,如果我们从有一个开口在织女星附近的虫洞向里张望,我们将看到织女星的光从洞里射出来,而在织女星附近的观察者,从另一端朝虫洞里张望会看到我们地球世界中太阳的光。虫洞还可以在宇宙的正常时空中显现,成为一个突然出现的超时空通道。

　　早在20世纪50年代,已有科学家对"虫洞"作过研究。由于当时技术条件的限制,一些物理学家认为,理论上也许可以使用虫洞,但虫洞的引力过大,会毁灭所有进入的东西,因此不能用于宇宙航行上。随着科学技术的发展,新的研究发现,虫洞的强引力可以通过"负质量"来中和,达到稳定虫洞的能量作用。负质量是相对于反物质而言的(因为正物质有正质量,反物质应该有反质量)。负质量过去只存在于理论上,目前世界上许多实验室已经成功地证明了负质量存在于现实世界中,而且通过航天器已经在太空中捕捉到了微量负质量。负质量出来可以中和虫洞的超强吸引力。据美国华盛顿大学物理系研究人员的计算,负质量还可以用来控制虫洞。他们认为,负质量能扩大原本比较小的虫洞,使它们足以让太空飞船穿过。这样的研究成果,引起了各国航天部门的极大兴趣,希望虫洞真能应用于太空航行上。当然,虫洞的研究还刚刚起步,但它的潜在回报却无可限量! 一旦研究成功,人类可能需要重新估计自己在宇宙中的角色和位置。现在,人类被困在地球上,即使要在太阳系内航行,也并非易事,更说不上到最近的星系去了,动辄需要数百年的时间,是目前人类不可能办到的。但是未来的太空航行若能使用虫洞,瞬间就可到达宇宙中的任何遥远的地方,人类会成为宇宙的开发者!

据科学家推测,宇宙中充斥着数以百万计的虫洞,但很少有直径超过十万千米的,而这个宽度正是太空飞船能安全航行的最低要求。负质量的发现正可以大派用场,可以用它去扩大和稳定细小的虫洞,亦即把负质量传送到虫洞中去,把虫洞打开,并强化虫洞的结构,使其稳定,这样太空飞船就可以安全地从虫洞中飞过。虫洞,这一太空中的神秘通道,真如科学家所研究的那么不可思议?或者说它真的存在?2015年9月的一则科学新闻,介绍了英国剑桥大学的物理学家进行了类似的研究,认为虫洞开放不容易,有物质穿过,虫洞会坍缩,但有些虫洞坍缩慢,不会影响飞船飞行。意大利科学家还认为,只要向虫洞施放光子或信息即可验证虫洞是否已开放。诸多研究说明,虫洞可能真的存在。

航天服

神舟八号飞船

八、天文伟人

　　有一句名言,大意是这样说的,任何事业(如科学和技术)的进步,都是站在巨人的肩膀上才取得的。天文学的腾飞,可栖居带的探索等,自然都要仰仗于天文学背后的巨人,他们开创出了新的想法,他们冒着失败的风险,往往还要面对各种反对的力量,但仍然坚持不懈地铺设出了一条科学探索的新道路,取得了一个个令世人瞩目的新成果!

(一) 伽 利 略

　　在天文学家当中,伽利略是第一个把望远镜伸向星空的人。他被当作物理学家以及日心说理论(或者哥白尼理论)的拥护者为人们所纪念。荷兰一位眼镜店店主汉斯·李普希设计了一种原始的望远镜。伽利略通过把这种粗糙的望远镜改造成天文望远镜,并运用到观测和数学运算当中,用无可辩驳的观测证据驳斥了流传 1 500 年的托勒密的地心说,从而使整个欧洲科学研究的面貌为之革新。

事情的来龙去脉是这样的:1604 年,一颗新星出现在巨蛇座(这颗星后来被称为"开普勒超新星")。这颗新星非常明亮,许多人都曾目击到它,甚至包括身在罗马的克拉维斯。用视差观察法也能观测到,伽利略确信这颗"新星"存在的位置非常遥远,不同意人们认为是处在地月系中,就是地球和月亮包围的边界。但没有人相信他的结论,他也很明智地选择了不去推广他的看法。几年之后,他掌握了一件很神奇的工具,这件工具帮助他确信地球的确是围绕着太阳运转的。原来在 1609 年的 5 月,伽利略收到了一封朋友的信,朋友说在威尼斯一个叫作汉斯·李普希的荷兰人给他们展示了一个他自己发明的单目镜,透过这个目镜看很远的东西都仿佛近在眼前。伽利略立刻借用这个单目镜,做出了一个折射望远镜。由于他丰富的数学知识和技巧,他的制作比李普希的要精良很多。伽利略用它进行了许多天文观测,还写成了《星际使者》。

此时伽利略已有了大量的观测实际,让他甘冒风险站出来公开地为哥白尼的日心说理论的正确性辩护,并且批驳托勒密的地心说是错误的。伽利略的第一个望远镜仅仅能观测到四等亮星。经过反复的实验和研磨,很快他的望远镜就可以清晰地观测到九等亮的星。在做出望远镜后的两个月里,伽利略发现了更多前人从未发现过的令人吃惊的现象。在《星际使者》一书中,他记载的发现包括:银河由许多相距不远的星球构成;月球上有环形山;土星有多个环。他还发现了太阳黑子的存在。1610年1月7日,伽利略发现在木星附近有三颗明亮的星球,6天之后又观察到第四颗。他证实了这些都是木星的卫星,围绕着这颗行星做规则的运转。这是证明日心说理论非常重要的证据。这些发现开辟了天文学的新时代。为了纪念伽利略的功绩,人们把木卫一、木卫二、木卫三和木卫四命名为伽利略卫星。人们争相传颂:"哥伦布发现了新大陆,伽利略发现了新宇宙。"

另外,伽利略还作了著名的铁球实验。事情是这样的,还是在比萨大学读书的时候,伽利略就做过关于重力和质量的实验,但在此之前,亚里士多德和托勒密的理论都是不容置疑的,无论是在天文学方面还是在生活的各个方面。其中就包括了亚里士多德关于自由落体的理论,伽利略决定做个实验来检验一下这个理论。亚里士多德认为,质量重的物体一定要比轻的物体下落速度快:假如一个物体的质量是另外一个物体的2倍,那么它的降落速度也会是那个物体的2倍。按照亚里士多德的理论,就可以推理说,一个重50磅的铁球的下降速度将是一个1磅重的铁球的50倍。为了检验这个理论,伽利略爬到了著名的比萨斜塔上,让两个不同质量的铁球,确切地说,是质量相差非常大的两个铁球同时从塔顶落下。通过反复试验,伽利略发现两个铁球总是同时落地,这说明不同质量的物体的重力加速度是一样的,这只是伽利略在比萨做的一个很小的实验,但已经充分显示出了他在数学和物理学方面的过人的天赋。

(二)约翰内斯·开普勒

约翰内斯·开普勒是德国天文学家和数学家,他因我们今天熟悉的描述行星运动的开普勒三定律而闻名于世。他证明了行星,尤其是火星,在一个椭圆的轨道上运行,而不是之前学者们一直以为的规整的圆形轨道。开普勒之所以能够取得这样的成就,很大一部分原因要归功于著名天文学家第谷数十年用肉眼观测记录下来的大量关于火星的精确数据,他是第谷的助手和继承者。开普勒发展了哥白尼的日心说理论,并且证明了行星们都围绕着太阳做椭圆形轨道的旋转,而太阳本身处于椭圆的一个焦点上。作为第一个解决了行星运动奥秘的天文学家,开普勒是现代天文学史上运用天体动力学原理最关键的科学家之一。1606 年,他完成并出版了《关注新星》,探讨了 1604 年出现的超新星。现在这颗超新星被称为"开普勒超新星"。1609年,他又出版了引人注目的著作《新天文学》,书中第一次提出了行星运行的两大定理。1619 年前,他提出了第三条定律(这个定律是英格兰物理学家牛顿提出宇宙万有引力定律的重要依据)。

1619年，他在《宇宙的和谐》一书中发表了他的第三条定律。开普勒在天体动力学方面的前锋探索终于完成了，他的著作《宇宙的和谐》以及《新天文学》一起被世人称为"开普勒行星运行三定律"：即行星的运行轨道是椭圆的，太阳处在其中的一个焦点上；行星在相等的时间内扫过相等的面积；各个行星绕太阳公转周期的平方和它们的椭圆轨道的半长轴的立方成正比。

开普勒是一位杰出的科学家，他感性、谦和并且富有同情心。在现代文学诞生之际和理性时代到来之初，他竭尽了他全部的智慧，并且常常对别人的著作比对自己的更为赞许。他毕生最大的成就是解开了行星运行的奥秘，并且为人类指明了了解宇宙动力的正确道路。天文学要感激他，为他在最得意和最失意的岁月里所做的贡献和牺牲。开普勒的手稿流传下来了，后来被俄国的凯瑟琳二世所购买和收藏，现在保存在圣彼得堡的俄罗斯科学研究院布科沃天文台。

开普勒的主要著作有《宇宙的神秘》《光学》《宇宙和谐论》《哥白尼天文学概要》《彗星论》和《稀奇的1631年天象》等。其中，在《宇宙和谐论》中，开普勒找到了最简单的世界体系，只需7个椭圆就可以描述天体运动的体系；在《彗星论》中，他指出彗星的尾巴总是背着太阳，是因为太阳排斥彗头的物质造成的。此外，开普勒还发现了大气折射的近似定律。

为了纪念开普勒的不朽功绩，国际天文学联合会将1134号小行星命名为开普勒小行星。

（三）威廉·赫歇尔

威廉·赫歇尔爵士被人们称为恒星天文学之父。是他首先开始系统地研究恒星，总结它们的性质。他设计和发展了更加高端的天文望远镜和其他天文仪器，发现了太阳系的第七大行星——天王星，还观察和描绘了许多天体，发现了许多天文现象，比如太阳和太阳系的正确运动方式。他揭示了银河系的正确形状，区分不同种类的星云，并且提出有一些星云是在银河系之外，属于系外星系。

1781年，赫歇尔有了一个具有里程碑意义的发现。1781年3月13日的夜晚，他跟往常一样用他心爱的7英尺望远镜观察星空，他注意到在双子座的区域内有一个很奇怪的天体，它呈现出固定的圆盘形状。它暗淡的光芒一点也不像其他恒星那样闪烁摇曳，倒是像行星反射的光芒那样稳定而真实。他不确定这个天体是由什么构成的，赫歇尔决定宣布他发现了一颗新的彗星。其他天文学家闻讯纷纷拿起望远镜来观察和证实这个新发现的天体。但是，随着赫歇尔进一步深入的观察，对他来说（最终也对所有天文学家来说），一个事实越来越清楚，那就是这个新发现的天体表现出来的特征和行星非常一致。它有着行星一般明确的边界，并且它的运行轨道和其他已知行星的轨道相当和谐。大家都知道彗星的轨道是很扁的椭圆形，而不是圆形的。

通过平行观测法,赫歇尔还发现这个新的天体比土星还要遥远,也就是比处于太阳系边缘(算上地球)的第六大行星还要遥远。最终,官方确定赫歇尔的发现的确是一颗行星,这就一下子打破了之前建立在六大行星基础上的关于太阳系范围大小经典的结论。

赫歇尔利用业余时间制作望远镜,经过千锤百炼,他终于成为制造望远镜的一代宗师。他一生磨制的反射镜面达 400 多块,还制造了一架口径为 1.22 米,镜筒长达 12 米的大型金属反射望远镜。1781 年,赫歇尔不仅发现了太阳系中的第七颗行星——天王星,还发现了土星的两颗卫星和天王星的两颗卫星。1782 年,赫歇尔编制了第一个双星表。1786、1789、1802 年,赫歇尔先后三次出版星团、星云表,记录了 2 500 个星云和星团。赫歇尔超前的观测成果和观测方法大大促进了天文科学的发展,人们尊称他为 18 世纪最杰出的欧洲天文学家。

(四)德温·哈勃

德温·哈勃是研究现代宇宙理论最著名的人物之一。他发现了银河系外星系的存在及宇宙不断膨胀,是银河外天文学的奠基人和提供宇宙膨胀实例证据的第一人。哈勃在美国芝加哥大学学习时,受天文学家海尔的启发,开始对天文学发生兴趣。

他在该校时已获得数学和天文学的学位,但毕业后却前往英国牛津大学学习法律,1913年在美国肯塔基州开业当律师。后来,他终于集中精力研究天文学,返回芝加哥大学,在该校设于威斯康星州的叶凯士天文台工作。在获得天文学哲学博士学位和从军参战以后,他便开始在威尔逊天文台(现属海尔天文台)专心研究河外星系并有了新发现。20世纪20年代,天文界围绕"星系是不是银河系的一部分"这个问题展开了一场大讨论。哈勃在1922~1924年发现,星云并非都在银河系内。哈勃在分析一批造父变星的亮度以后断定,这些造父变星和它们所在的星云距离地球远达几十万光年,因而一定位于银河系外。这项于1924年公布的发现,使天文学家不得不改变了对宇宙的看法。

1925年当哈勃根据河外星系的形状对它们进行分类时,他又得出第二个重要的结论:星系都在远离我们而去,且距离越远,远离的速度越快。这一结论意义深远。因为一直以来,天文学家都认为宇宙是静止的,而现在发现宇宙是在膨胀的。并且更重要的是,哈勃于1929年还发现宇宙膨胀的速率是一常数。这个被称为哈勃常数的速率就是星系的速度同距离的比值。后来经过其他天文学家的理论研究之后,宇宙已按常数率膨胀了100亿~200亿年。20世纪初,大部分天文学家都认为宇宙不会膨胀出银河系。但20世纪20年代初,哈勃用当时最大的望远镜观察神秘的仙女座时,发现仙女座中的星云不是银河系的气体,而是一个完全独立的星系。由此发现,在银河系之外存在着许多其他的星系,宇宙比人类想象的要大得多。

(五)拉 普 拉 斯

拉普拉斯是著名的天文学家和数学家、天体力学的集大成者与主要奠基人、天体演化学的创立者之一、应用数学的先驱。拉普拉斯用数学方法证明了行星的轨道大小只有周期性变化,这就是著名的拉普拉斯定理。拉普拉斯的杰作《天体力学》,集各家之大成,书中第一次提出了"天体力学"的学科名称,是经典天体力学的代表著作。《宇宙系统论》是拉普拉斯另一部名垂千古的杰作。在这部书中,他独立于康德,提出了第一个科学的太阳系起源理论——星云说。康德的星云说是从哲学角度提出的,而拉普拉斯则从数学、力学角度充实了星云说。因此,人们常常把他们两人的星云称为"康德—拉普拉斯星云说"。

因研究太阳系稳定性的动力学问题,拉普拉斯被誉为"法国的牛顿"和"天体力学之父"。

(六)卡尔·萨根

美国天文学家卡尔·萨根是世界上最著名的科学普及者,

特别是在天文学和寻找地外生命方面。他是第一个把寻找和介绍地外生命也作为一门严肃的学科，并因此设计了无数的生命寻找试验和无人驾驶的太空探索的科学家。他是现代太空科学的普及者以及地外生物学的创始人。

1957 年在美国威斯康星州的麦迪森，萨根遇见了美国遗传学家约书亚·里德伯格——这位科学家因为发现了基因重组以及细菌的基因而获得诺贝尔生理学奖（1958 年诺贝尔生理学奖的另外得主是乔治·威尔斯）。萨根和里德伯格在未来科学和地外生物学的重要性等问题上达成了很多共识，这些共识成为他们长久友谊的基础。1959 年，萨根被好友里德伯格推荐给NASA。当时里德伯格刚刚被任命为国家科学研究院空间科学部的部长，他想要招募一些成员来主持地外生命太空探索小组。卡尔·萨根当然是他的首选。在萨根将要取得博士学位前，他就开始在 NASA 兼职，在空间研究项目中负责研究地外生命，依靠里德伯格的支持来进行月球探测，以取得有关生命的史前证据。1960 年 6 月，萨根同时获得了天文学和天体物理学博士学位。1962 年，萨根成为哈佛大学的天文学系副教授，同时还是史密森天体物理天文台的天体物理学家。开始天文学家的职业生涯，实现了他孩提时的梦想。但是，他对地外生物学的热爱还在继续。

对萨根来说，寻找地外生命的探索还刚刚是个开始。他对地外生命证据的兴趣并不仅仅局限在火星上。他说，很难相信地球会是浩瀚宇宙中唯一拥有生命的星球。宇宙中别的地方一定也有生命，也许还是高等的智能生命，问题只是怎么去找到和联系他们。

1971年，为了研究火星"水手号"其中的一个使命，萨根参观了NASA在加利福尼亚州的喷气式推进器实验室。其间，自由撰稿作家艾利克·布尔盖斯和里查德·霍格兰德为萨根想出一个主意：应该让"先驱者10号"携带一个回复信息，一旦探测器遭遇了地外生命的话，至少可以回答它从哪里来，谁发送它的。萨根立刻联系了NASA，想不到NASA立刻同意了。一张有艺术美感的镌刻着人类信息的金唱片就此诞生了，这还是萨根新婚妻子林达·萨尔兹曼设计的。

1983年萨根成为寻找地外智能生命行动的重要人物。"寻找地外智能生命行动"计划早在1959年就开始了，那时，经费少得可怜。1985年，NASA批准了"寻找地外智能生命行动"的一个研究计划，准备建造一架超高倍射电望远镜来捕捉地外生命的讯号（可惜由于匮乏的资金大拖后腿，NASA后来只好放弃了这个计划）。

不过"寻找地外智能生命行动"计划很幸运，他们最终从行星协会得到了资金支持，这个协会得到了好莱坞著名大导演史蒂文·斯皮尔伯格的巨额资助，直到今天他仍然是协会的理事之一。在1985年，萨根发表了科幻探险小说《接触》，并被拍成了好莱坞电影，由罗伯特·泽米吉斯导演，朱迪·福斯特主演。这部电影于 1997 年杀青,但可惜的是,卡尔·萨根没能活着见到电影上映。1996 年 12 月 20 日,他在西雅图病逝。

萨根不仅是一位高产作家(他发表了 1 600 篇科学论文和文章,出版了 20 多本著作,还获得普利策文学奖),还参与过多个 NASA 的空间项目,包括了从 20 世纪 60~90 年代的一系列星际探测计划:"水手号""先驱者号""海盗号""旅行者号"以及"伽利略号"等。获得过一个科学成就奖章,两个公共服务奖,最突出的是 NASA 颁发的阿波罗成就奖。多家大学和学院也曾授予他 20 多枚奖章,以奖励他在科学、文学和教育方面做出的突出贡献。

(七) 祖 冲 之

祖冲之是中国南北朝时期杰出的数学家、天文学家和机械制造家。祖冲之从小接受家传的科学知识。青年时进入华林学省,从事学术活动。一生先后任过南徐州(今镇江市)从事史,长水校尉等官职。祖冲之的主要贡献在数学、天文历法和机械三方面。

在数学方面,他写了《缀术》一书,被收入著名的《算经十书》中,作为唐代国子监算学课本,可惜后来失传了。《隋书·律历志》留下了一小段关于圆周率的记载,祖冲之算到了 3.1 415 926 和 3.1 415 927 之间,相当于精确到小数第 7 位,成为当时世界上最先进的成就。这一纪录直到 15 世纪才被阿拉伯数学家卡西打破。祖冲之还给出了圆周率的两个分数形式：22/7（约率）和355/113（密率），其中密率精确到小数第 7 位，在西方直到 16 世纪才由荷兰数学家奥托重新发现。

在天文历法方面，祖冲之创制了《大明历》，最早将岁差引进历法；采用了 391 年加 144 个闰月的新闰周；首次精密测出交点月日数（27.21 223）、回归年日数（365.2 428）等数据，还发明了测量冬至前后若干天的正午太阳影长以定冬至时刻的方法。

在机械学方面，他设计制造过水碓磨、铜制机件传动的指南车等。此外，他在音律、文学、考据方面也有造诣。为纪念这位伟大的古代科学家，人们将月球背面的一座环形山命名为"祖冲之环形山"，将小行星 1888 号命名为"祖冲之小行星"。

（八）郭 守 敬

郭守敬是中国元朝的天文学家、数学家、水利专家和仪器制造专家。他幼承祖父郭荣家攻研天文、算学、水利。至元十三年，元世祖忽必烈攻下南宋首都临安，在统一前夕，命令制订新历法，由张文谦等主持成立新的治历机构——太史局。太史局由王恂负责，郭守敬辅助。至元十五年，建立天文台。至元十七年，编出新历，经忽必烈定名为《授时历》。《授时历》是中国古代一部很精良的历法。

为了编历,郭守敬创制和改进了简仪、高表、候极仪、浑天象、仰仪、立运仪、景符、窥几等十几件天文仪器仪表,还在全国各地设立 27 个观测站,进行了大规模的"四海测量",测出的北极高度平均误差极小;新测二十八宿距度,平均误差还不到 5′;测定了黄赤交角新值,误差仅 1′多;取回归年长度为 365.242 5 日,与现今通行的公历值完全一致。郭守敬编撰的天文历法著作有《推步》《立成》《历议拟稿》《仪象法式》《上中下三历注式》和《修历源流》等 14 种,共 105 卷。为纪念郭守敬的功绩,人们将月球背面的一座环形山命名为"郭守敬环形山",将小行星 2012 号命名为"郭守敬小行星"。

　　中国古历自西汉刘歆作《三统历》以来,一直利用上元积年和日法进行计算。唐、宋时,曹士等试作改变。郭守敬等人编制的《授时历》则完全废除了上元积年,采用至元十七年的冬至时刻作为计算的出发点,以至元十八年为"元",即开始之年。所用的数据,个位数以下一律以 100 为进位单位,即用百进位式的小数制,取消了日法的分数表达式。

(九) 张　衡

　　张衡是我国东汉时期伟大的天文学家、数学家、发明家,为我国天文学、机械技术、地震学的发展作出了不可磨灭的贡献。

在数学、地理、绘画和文学等方面，张衡也表现出了非凡的才能和广博的学识。张衡是东汉中期浑天说的代表人物之一。他指出月球本身并不发光，月光其实是日光的反射；他还正确地解释了月食的成因，并且认识到宇宙的无限性和行星运动的快慢与距离地球远近的关系。张衡观测记录了 2 500 颗恒星，创制了世界上第一架能比较准确地表演天象的漏水转浑天仪，第一架测试地震的仪器——候风地动仪，还制造出了指南车、自动记里鼓车、飞行数里的木鸟，等等。张衡共著有科学、哲学和文学著作 32 篇，其中天文著作有《灵宪》和《灵宪图》等。为了纪念张衡的功绩，人们将月球背面的一座环形山命名为"张衡环形山"，将小行星 1802 号命名为"张衡小行星"。